초광속입자 타키온

미래를 보는 입자를 찾아서

혼마 사부로 지음
조경철 옮김

전파과학사

머리말

「빛보다 빠른 것이 있을까?」

이것은 어린 시절에 누구나 한 번쯤은 가졌던 소박한 질문의 하나일 것이다.

만일에 그런 것이 정말로 있다고 하면 그것을 타고 우주 탐험에 나설 수가 있을까? 타임머신(Time-Machine)같이 과거라는 지난 시대에 갈 수가 있을까? 그리고 미래도 알 수가 있는 것일까……?

우리의 꿈은 무한히 퍼져 나갔다. 그러나 중학생이 되고 고등학생이 되니 빛은 이 세상에서 가장 빠른 것이라고 배운다. 그리고 대학생이 되면 아인슈타인의 상대성이론이 광속도를 넘는 것을 부정하는 개념 위에 성립되어 있음을 알게 된다. 우리의 꿈은 이렇게 사라지고 말았다.

그러나 광속도보다도 빨리 달리는 것을 지금도 찾는 물리학자가 있다. 아무리 상대성이론이 그러한 존재를 허용하지 않더라도 말이다.

빛보다 빨리 달리는 입자를 타키온(Tachyon)이라고 부른다.

이 책은 그 타키온을 고전적인 입자로 생각하여 그것이 어떤 입자이며 어떠한 것을 가져다주며, 그것을 발견하는 데는 어떻게 하면 되는가의 문제를 현재의 상대성이론의 테두리 안에서 생각해 본 것이다. 그리고 그 꿈과 같은 입자를 발견하려는 도전 내용 몇 가지를 소개하였다.

여기서 독자와 더불어 초광속입자(超光速粒子) 타키온에 대하

여 하나하나 보겠지만 이 SF적인 입자를 통하여 낭만이라든가
모험 같은 것, 또는 꿈이 오늘날의 물리학에도 충분히 존재할
수 있다 함을 느낄 수 있다면 나는 참으로 다행이라고 여긴다.

東京 中野에서
혼마 사부로

차례

6

8

1. 빛보다 빠른 입자가 만일 존재한다면

SF적 세계의 실현

광속보다 빨리 달리는 입자(粒子)가 있다면 우리는 그 입자를 사용하여 저 우주 공간에 있는 E.T.와 거의 동시에 교신할 수가 있다.

교신할 상대가 살고 있을 것인 우주 공간에 떠 있는 한 별을 겨냥하여 정보를 실은 초광속입자(超光速粒子)를 지구로부터 발사했다고 하자. 그 입자는 지구를 둘러싸고 있는 대기(大氣) 가운데를 달리는 도중에 갖고 있던 「에너지」를 점차로 잃어버리게 될 것이다.

그렇게 된다면, 어떻게 된 셈인지, 우리의 상식을 벗어나 그 입자의 속도는 더욱 빨라지고 만다. 그리하여 대기권을 탈출할 무렵이면, 그 입자는 자기가 가지고 있던 모든 에너지를 잃어버리고 무한대(無限大)의 속도를 얻어 날아가 버린다.

무한대의 속도라고 했다. 그 무한대의 속도로 달리는 입자에는 시간이 존재하지 않으니까, 초광속입자는 저 우주 공간에 떠 있는 별들에 거의 순간적으로 도달하여 E.T.의 수신기 속으로 뛰어들어 갈 것이다.

이번에는 이러한 초광속입자를 지구에서 발사한 로켓을 향하여 보내 보자. 이 초광속입자를 받아들인 로켓에 타고 있는 사람은 곧 그것을 지구로 되돌려 보낸다고 하자. 여기까지는 그렇고 그렇다는 이야기이다. 그러나 여기서부터 문제가 될 것은 그 로켓으로부터 다시 돌아온 입자를 우리의 과거의 시점(時點)에서 받게 될지도 모를 일이 아닐까? 다시 말해서 로켓을 향하여 발사한 초광속입자가 출발했을 때 그 이전의 시간에 지구로 되돌아올 가능성이 있다는 것이다. 만일에 이러한 상식을 벗어난 현상이 일어난다고 하면 우리는 자기 자신의 과거를 향해 이 초광속입자를 사용하여 정보를 보낼 수 있는 셈이니 현재 우리가 가지고 있는 지식을 과거에 전할 수가 있게 된다는 이 야기이다.

초광속입자는 존재하는 것이고, 그렇게 실제로 그런 일이 일어날 수만 있다면 그야말로 SF(공상과학소설)에서나 보던 놀라운 세계가 현실로 우리 앞에 전개될 수가 있을 것이다.

광속도는 특별한 것

옛날 사람들에게는 광속도란 아마도 특별한 것이 아니었을까? 그들도 빛은 거의 순식간에 아무리 먼 거리에 있는 곳에라도 전달됨을 알고 있었다. 그러나 가령 빛보다 더 빨리 달리는 것이 있다 하더라도 그네들은 하등 이상하다고 느끼지 않았던 것이 아닐까?

기원전 그리스의 시인 루크레티우스는 「물질의 본질에 관하여」라는 서사시 속에서 다음과 같이 읊고 있다.

틀림없는 단일성(單一性)을 지니고 있는 원자는 …….
그것이 한 방향으로 움직일 때면,
태양의 빛보다 속도에 있어서 앞서며,
보다 빨리 달린다.
태양빛이 하늘을 날 때와
같은 시간 내에서는

몇 배나 되는 공간을 틀림없이
지나갈 거다.

옛날 사람들의 말에 대해 쓸데없이 현대적인 해석을 하여 그
네들이 그때 이미 우리가 생각하는 것과 같은 의미의 초광속입
자를 구상하고 있었다고 상상하는 것은 너무도 그들을 과대평
가하는 것이다.

그러나 음속(音速)이 아닌 광속(光速)보다 더 빨리라고 이유를
붙인 것으로 보아 혹시 그네들도 광속도라는 것이 어떤 특별한
의미를 가지고 있음직하다고 느끼고 있었을지도 모른다.

빛의 속도보다 더 빨리 달리는 입자는 존재하는 것일까? 만
일 존재한다면 그것은 어떤 입자이며 어떤 일을 하는 것일까?

여기서는 이러한 문제를 생각해 보자는 것이지만, 그렇게 해
보기 위해서는 아무래도 먼저 광속도가 이 세상에서 가장 빠른
것이며 또한 광속도가 다른 속도와는 달리 특별한 의미를 가지
고 있는 것임을 우선 알아야 한다. 왜냐하면 만일 그렇지 않다
면 광속도를 능가하는 속도의 입자를 생각해 보는 데 아무런
과학적 모험이나 과학적 낭만도 있을 수 없기 때문이다.

2. 광속도를 넘을 수는 없다

물체를 빨리 달리게 하려면

빛은 빠르다.

빛은 1초 동안 30만㎞, 즉 지구를 7.5바퀴 도는 거리를 달린다. 우리 주위에는 이렇게까지 빠른 속도로 달리는 것은 없다. 빨리 전달이 된다는 소리의 속도라고 해도 1초 동안 겨우 360m밖에 달리지 못하니 도저히 광속도와는 비교가 안 된다.

우리는 일상생활의 경험을 통하여 빛보다도 빨리 달리는 것은 없다고 생각하고 있으며, 실제로 그러한 생각을 가졌던 것이 한 번도 어긋난 일은 없었다. 그러나 물리학자라면 정말로 빛보다 빨리 달리는 것은 없을까 하는 것을 실험으로 확인해 보지 않고 우리 경험만을 믿고 이 세상에서 광속도만이 제일 빠른 것이라고 결론을 지을 수는 없는 것이다.

광속보다 빠른 속도가 있는가 없는가를 조사를 해 보면 될 것이다.

이제 나는 이 책의 원고를 만년필로 쓰고 있다. 이 만년필을 어떤 높이까지 들고 거기서 놓으면 만년필은 마루에 떨어진다. 즉, 처음 내 손에 들려 있던 만년필은 손에서 떨어지자마자 밑으로 향하여 움직이기 시작하여 마루에 닿을 순간에는 어느 정도의 속도를 가질 것이다.

만일 보다 더 높은 곳에서 떨어뜨리면 어떻게 될까? 떨어뜨릴 때의 높이가 높으면 높을수록 만년필이 마루에 닿는 순간의 속도는 더욱 빨라질 것이다.

이것은 만년필뿐 아니라 지상의 모든 물체에 중력(重力)이라는 힘이 작용하고 있기 때문이다. 이 힘에 의해 만년필은 밑으로 잡아당겨지고 그 때문에 빨리 달리는 것이다.

이 예에서도 알 수 있는 것과 같이 일반적으로 물체를 빨리 달리게 하려면 그 물체에 힘을 가해 민다든가 잡아당긴다든가 하면 된다. 물체에 작용하는 힘이 크면 클수록, 힘을 작용시키는 시간이 길면 길수록 또는 힘을 작용시키는 횟수가 많으면 많을수록 물체는 빨리 달리는 것이다. 이러한 일들은 우리가 일상생활에서 자주 경험하는 일들이다.

그래서 물체에 계속해서 쉴 사이 없이 크나큰 힘을 가하여 속도를 자꾸 가속해 보자. 그러면 그 물체는 빛의 속도를 넘는 속도로 달릴지도 모른다.

전기력은 중력을 이긴다

이때 실제로 얼마큼의 힘을 어떤 물체에 가하면 광속도를 넘을 정도로 빨리 달릴 수 있을까?

먼저 이야기한 만년필의 예에서 보면 속도를 빠르게 하기 위한 힘은 중력이라는 힘이었는데, 우리 주위에는 이 밖에도 여러 가지 힘이 존재하고 있다. 우리 자신이 낼 수 있는 팔과 다리의 힘, 불도저가 낼 수 있는 기계의 힘, 전동차를 달리게 하는 전기모터의 힘, 제트기와 로켓을 추진하는 폭발력 등등 헤아리자면 끝이 없을 정도이다. 그러나 이러한 힘은 실제로 정밀하게 비교해 보면 지구가 물체를 잡아당기는 중력과 거의 같은 정도 아니면 그 이하인 것이다.

그렇다고 해서 중력을 이기는 힘이 이 세상에 없는 것이냐 하면 또 그렇지만도 않다. 전기력이라는 힘이 존재하기 때문이다. 중력은 무게를 가진 물체에 작용하는 힘이지만 전기력은 반대 부호의 전기를 가진 것 사이에 작용하는 힘인 것이다. 예를 들자면 플러스(+) 전기를 지니고 있는 물건은 마이너스(-) 전기를 띠고 있는 물건과 서로 강하게 끌어당기는데 바로 이러한 힘인 것이다.

실험에 의하면 전기적인 힘은 중력에 비해 엄청나게 크다는 것이 알려져 있다. 따라서 물건을 가속하여 큰 속도를 얻게 하기 위해서는 전기를 지닌 것을 골라내서 그것을 전기력으로 잡아내도록 하면 효율이 좋다.

물체에 힘을 가해 가속하고자 할 때 또 하나의 중요 요건이 있다. 그것은 가속되는 물체의 무게, 즉 질량(質量)인 것이다.

이제 같은 힘을 무거운 것에 가한 경우와 가벼운 것에 가한 경우를 비교해 보면 양자의 속도 사이에는 아주 큰 차이가 있음을 알게 된다.

예를 들면, 야구공을 방망이로 치면 빠른 속도로 날아가지만, 투포환 경기에서 사용되는 무거운 쇠공을 방망이로 치면 그리 멀리 날아가지 않는다. 뜰에 있는 보다 더 무거운 큰 돌 같은 것은 야구방망이로 두드려도 꼼짝도 않을 것이다.

이렇게 같은 힘을 가해도 빨리 달리는 것과 느리게 달리는 것과, 또한 전혀 달리지도 않는 것 등이 있다. 이 사실은 그 질량의 크고 작음에 따르는 것인데, 질량이 클수록 움직이는 힘이 더 들고, 다시 말해 현 상태를 달리하기 위해 힘이 든다고 말할 수 있을 것이다. 이렇게 질량과 상태의 변화에 대한 저항을 그 물체의 관성(慣性)이라고 한다.

이러한 사정을 생각해 보면 광속도를 넘는 속도를 얻고자 노력할 때는 관성저항을 가능한 한 작게 하는 것, 즉 될 수 있는 대로 가벼운 것을 골라내서 그 물체에 연속적으로 힘을 가해 주면 될 것이다.

가장 가벼운 전자의 경우

이 세상에서 가장 가벼운 것은 무엇일까?

틀림없이 테니스공은 야구공보다 가볍다. 테니스공보다 더 작은 유리알은 더 가볍다. 그러나 그 작은 유리알보다 그 유리알을 만들고 있는 원자 하나의 무게가 더 가벼울 것이다. 그런데 그 원자도 또한 원자핵과 전자로 되어 있다. 가장 가벼운 원자핵은 수소의 원자핵으로서 양성자라고 불리고 있다. 그러나 그 양성자보다 전자(電子)가 더욱 가볍다. 그래서 이 전자는 이 세상에서 가장 가벼운 물질이라고 할 수 있다. 실제로 전자의 무게는 수소 원자 무게의 2,000분의 1에 지나지 않는다.

여기에 공기저항이 없는 진공 속에서 하나의 전자에 계속적으로 힘을 가하여 그 속도가 어떻게 되는지 실험해 보자. 다행히 전자는 마이너스의 전기를 띠고 있기 때문에 플러스의 전기를 잡아당길 수 있다. 그러한 목적을 위해 〈그림 1〉과 같은 전자의 가속장치를 만든다.

이 장치로 전자는 전극 사이에 있을 때 플러스의 전극으로부터 진행 방향으로 향하는 힘을 받는다. 전극에서 가속된 전자는 전극에 뚫린 구멍을 통해 밖으로 나가게 된다. 그 뒤에 전자는 반원(半圓) 궤도를 그리면서 속도 측정기에 들어가 한 번더 반원 궤도를 그리며 다시 전극 사이로 들어선다. 전자가 반원 궤도를 그리게 하기 위하여 이 부분에 자기장을 작용시킬 필요가 있다. 자기장 속에서 전자를 달리게 하면 전자궤도를

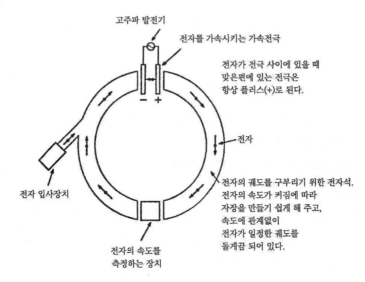

고주파 발전기

전자를 가속시키는 가속전극

전자가 전극 사이에 있을 때
맞은편에 있는 전극은
항상 플러스(+)로 된다.

전자

전자의 궤도를 구부리기 위한 전자석.
전자의 속도가 커짐에 따라
자장을 만들기 쉽게 해 주고,
속도에 관계없이
전자가 일정한 궤도를
돌게끔 되어 있다.

전자 입사장치

전자의 속도를
측정하는 장치

〈그림 1〉 전자를 가속시키는 장치

구부릴 수 있기 때문이다. 전자가 다시 전극 사이로 들어가면
전자가 진행하는 방향의 전극이 또 플러스로 되도록 하는 장치
가 되어 있기 때문에 전자는 여기서 다시 힘을 받아 가속된다.

이러한 작업을 수천 내지 수만 번 반복하면 전자의 속도를
끝없이 증가시킬 수 있는 것이 아닐까? 그리고 나중에는 광속
도 이상의 속도를 얻을 수 있는 것이 아닐까?

전극의 반대편에 놓여 있는 속도 측정기는 전자가 그곳을 통
과할 때마다 그 속도를 우리에게 알려 준다. 그 때문에 우리는
전자가 1회전할 때마다 어느 정도 속도가 증가되어 있는지를
알 수 있다. 그러한 관측 결과에서 횡축에는 전자의 회전 횟수
를, 종축에는 전자의 속도를 두고 측정값을 그래프로 그려 보
니 〈그림 2〉와 같았다.

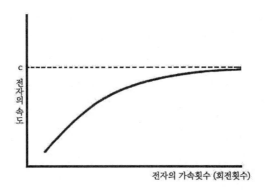

〈그림 2〉 전자의 속도와 가속 횟수와의 관계

　이 그림에서 밝혀진 것과 같이 전자는 처음에는 회전할 때마다, 즉 전극을 통과하여 거기서 가속을 받을 때마다 속도를 증가시켜 나간다. 그러나 속도가 빨라질 때면 그 빨라지는 증가의 비율이 점점 작아진다. 그리하여 몇 차례 더 가속된다 할지라도 증가를 거의 볼 수 없을 때가 오게 된다. 즉, 전자의 속도는 일정한 값에 무한정 접근해 가고 있는 것이다. 이 때문에 그 후에는 아무리 가속시켜도 전자의 속도는 그 값을 넘어설 수가 없다. 이때의 속도값인 C를 구해 보면 바로 그것이 빛의 속도와 같다는 것을 알게 된다. 즉, 전자에 힘을 가하여 계속적으로 가속시켜 주면 그 속도는 빛의 속도에 무한히 접근해 가기는 하지만 결코 광속도에 도달한다든가 또는 그것을 넘어설 수는 없는 것이다. 바로 이것이 이 실험의 결론이다.

그래도 광속도는 넘어설 수 없다

　우리가 이 실험에서 전자를 택한 것은 전자가 가장 가벼운 물질로서 힘을 받으면 빠른 속도를 얻기 쉬운 물질이기 때문이었다. 그러나 전자에는 무엇인가 특별한 사정이 있어서 광속을 넘는 속도로 달릴 수 없게 되어 있는 것일지도 모른다. 그 때문에 전자의 실험만으로 모든 물질은 광속도를 넘을 수 없다고 단정할 수는 없지 않을까?

그래서 이번에는 전자와는 반대로 플러스의 전기를 지니고 있는 양성자라든가 원자핵 같은 것을 전자와 같은 방법으로 가속해 보기로 한다.

그러나 실험해 보니 이 경우도 전자의 경우와 마찬가지로 아무리 가속해도 광속을 넘는 속도는 얻을 수가 없음을 알았다. 그런데 이번의 경우 가속 효율이 아주 나빠서 양성자와 원자핵을 전자와 같이 광속도에 접근시키기 위해서는 전극 사이에 작용시켜야 할 전압을 전자의 경우와 비교할 때 아주 높이지 않으면 안 되었다. 이것은 양성자와 원자핵이 전자에 비해서 비교가 안 될 정도로 무겁기 때문이었다.

이상 2가지의 실험으로부터 전자와 원자를 아무리 가속해도 그 속도를 광속에 도달시키기에는 불가능하다는 것을 알았다. 우리의 물질세계는 모두가 전자와 원자핵으로 구성되어 있다. 이들 물질의 구성 요소인 전자와 원자핵이 광속도로 달릴 수 없다는 것은 그것을 구축하고 있는 물질도 광속도로 달릴 수 없다는 것을 의미하는 것이다. 따라서 우리는 다음과 같이 결론을 내려도 무방할 것이다.

「모든 물질은 광속으로 달린다든가 혹은 광속을 넘는 속도로 달릴 수는 없다.」

3. 빛의 속도는 변하지 않는다

광속은 비상식적

1905년, 아인슈타인은 상대성원리(相對性原理)를 발표했다.

이 이론은 그때까지 없었던 전혀 새로운 혁명적인 생각을 물리학에 가져다주는 것이었다. 여기서 이 이론의 가장 기본적인 원리 하나를 설명하지 않을 수 없다. 왜냐하면 이 원리야말로 현재 우리가 직면하고 있는 문제에 있어서 아주 중요한 의미를 가지고 있는 것이기 때문이다.

그것은 광속도 일정의 원리라는 것인데

「빛의 속도는 움직이고 있는 물체로부터 나온 경우이거나 멎어 있는 물체로부터 나온 경우이거나, 또한 움직이고 있는 관측자가 보거나 정지해 있는 관측자가 보아도 항상 일정하다.」

라는 것이다.

상대성이론의 기초가 되는 이 원리는 아무리 생각해 봐도 우리 일상생활의 경험으로는 쉽사리 이해하기 힘들다. 움직이고 있는 열차에서 그 진행 방향으로 발사된 빛의 속도와 멎어 있는 열차로부터 발사된 빛의 속도 중 앞의 경우가 빠른 것이 당연한 것이 아닐까 말이다. 보다 더 극단적인 예를 들어 보자면 광속에 가까운 속도로 달리고 있는 전자가 그 진행 방향을 향하여 발사한 빛의 방향이 거의 정지해 가는 전자가 발사하는 빛보다도 빠르다고 하는 것은 당연한 이치가 아닐까.

여기서 우리 일상생활에서 통용되고 있는 「속도의 가산법(加法)」이라는 것에 관하여 설명하지 않으면 안 되겠다. 왜냐하면 이미 의심스럽다고 생각했던 광속도 일정이라는 기본 원리는 우리 세계에 있어서 성립되어 있는 속도의 가산법이라는 원리

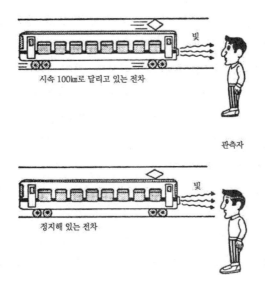

시속 100km로 달리고 있는 전차

빛

관측자

정지해 있는 전차

빛

〈그림 3〉 달리고 있는 전차로부터 나온 빛이나 정지해 있는 전차로부터
　　　　나온 빛이나 속도는 같다

와는 서로 모순되기 때문이다.

　속도의 가산법이란 한마디로 말하자면 속도는 서로 더하고 뺄 수 있는 그러한 물리량이기 때문이다.

　이제 강의 흐름에 따라 보트를 저어 나가는 경우를 생각해 보자. 육지에 서 있는 사람의 경우에서 보자면 보트는 강의 흐름의 속도와 보트의 흐름의 속도를 서로 합한 속도이며, 즉 양자가 같다면 물이 가만히 있을 때인 경우의 두 배의 속도로 강을 타고 내려오는 것처럼 보여야 한다. 이 때문에 강의 흐름이 빠르면 빠를수록 빠른 속도로 흘러갈 것이다.

　이것은 단지 겉보기뿐만이 아니다. 강을 내려갈 때 보트는 확실히 목적지에 빨리 도착한다. 즉, 우리 일상생활에서 속도라는 것은 더할 수도 있고 뺄 수도 있으므로 그 결과보다 큰 것으로 될 수도 있고, 보다 적은 것으로 될 수도 있는 것이다.

이러한 예를 일상생활에서 찾아보면 많이 있다. 기차에 타고 있을 때도 자기가 타고 있는 기차의 반대 방향으로부터 접근해 오는 다른 차는 두 배의 속도로 달려오며 눈 깜짝할 사이에 서로 스치고 지나가게 된다. 자동차를 운전하고 있을 경우에도 반대쪽에서 오는 차는 2배의 속도로 달려온다.

이러한 속도의 더하기가 광속에 가까운 속도로 움직이고 있는 물체의 경우에도 적용이 된다면 우리는 속도를 더함으로써 물체의 속도를 얼마든지 크게 할 수가 있을 것 같다. 예를 들면 광속의 반 정도나 되는 속도의 물체가 있고 또한 광속의 절반의 속도로 달리는 차에 올라타서 그 물체의 진행 방향으로 가까이 접근해 가면 그 물체는 광속도로 달려오는 것처럼 보여야 한다. 더구나 그 물체가 광속에 가까운 속도로 달리고 있다면 광속의 1.5배로 달려오고 있는 것처럼 관측된다.

보다 더 극단적인 예를 들자면 광속에 가까운 속도의 전자가 진행 방향으로 방사한 빛의 속도는 광속도의 2배로 관측되지 않으면 안 될 것이다.

시간, 공간은 구부러진다

전자를 가속하는 이야기로 돌아가자. 이 가속장치 전체가 로켓에 실려 있고 로켓은 광속의 1/2의 속도로 운동하고 있다면 가속된 전자의 속도가 광속도에 접근할 때 전자의 속도는 정지해 있는 사람이 볼 경우 광속의 1.5배로 보여야 할 것이다.

이렇게 일상생활에서 성립되어 있는 속도의 가산법이 광속에 가까운 속도로 달리고 있는 것에 대해서도 적용이 된다면 광속을 넘는 속도도 간단히 우리 손에 쥐여질 수 있을 것 같다.

아인슈타인의 「광속도 일정의 원리」는 일상생활에 있어서 통용되고 있는 것 같은 속도의 가법이 광속도와 광속도에 가까운 속도로 달리는 물체의 경우에는 성립하지 않는다는 것을 주장하는 것이라고 한다면, 앞서 행한 실험에서 모든 물체가 광속도에 도달할 수는 없다고 보는 것이므로 이에 부가하여 광속도 일정의 원리는 광속도를 넘는 속도의 존재를 완전히 부인하는 것이다. 아인슈타인의 상대성이론에 있어서 광속도 일정의 원리는 우리가 1초 동안 30만km라는 빛의 속도 이상의 속도를 관측한 일이 없다는 경험적인 사실에 입각하고 있다는 것은 두말할 필요도 없다.

우리는 여기서 광속도 일정이라는 것을 다음과 같이 생각해 보기로 하자. 즉, 물체의 속도라는 것은 그 물체가 어떤 시간 내에 이동한 거리를 그 일에 필요했던 시간으로 나눈 것이다. 거리라는 것은 공간에 있는 두 점 사이를 적당히 연결한 것이다. 그래서 관측자의 운동 상태에 관계없이 광속도가 일정하다는 것은 우리의 공간이나 시간과 마찬가지로 빛의 속도라는 아주 빠른 속도의 경우에는 엿처럼 늘었다 줄었다, 즉 구부러진다고 볼 수 있으며 결과적으로는 언제나 광속도를 일정하게 하도록 처음부터 만들어져 있다고 말할 수 있겠다. 그리고 이렇게 구부러진 공간과 시간 사이에는 일상생활에서 적용되는 것과 같은 속도의 가산법은 통용이 안 되고 이 때문에 우리 주위에 존재하는 물체들이 결코 광속을 넘는 속도로 달릴 수는 없다고 보는 것이다.

4. 모든 물체는 광속에 가까워지면 무거워진다

질량이란?

다음에는 왜 전자와 양성자가 아무리 가속해도 광속도에 도달한다든가 또는 그것을 넘는 속도로 달릴 수 없는 것일까 하는 것에 대해 좀 더 상세히 생각해 보기로 하자.

이러한 것을 생각하기 위해서는 어떤 물체를 가속하는 데 어떻게 하면 될까 라는 최초의 문제를 한 번 더 생각해 보아야겠다.

우리는 물체의 속도를 보다 빠르게, 즉 가속하기 위해서는 그 물체에 힘을 가해 주면 된다는 것을 앞에서 설명하였다. 그 때 속도를 예로 들자면 1초마다 1m쯤 빠르게 하기 위해서는 가벼운 것과 무거운 것 사이에는 그 물체에 가해야 하는 힘에 큰 차이가 있음을 알았다. 가벼운 것은 가속하기 쉬우나 무거운 것은 가속하기 힘든 것이다. 그러므로 광속도 이상의 속도를 얻을 목적으로 가장 가속하기 쉬운 것, 즉 가장 가벼운 것으로 전자를 택했던 것이다.

앞서 설명한 대로 물체의 무게, 즉 질량이라는 것은 운동에 있어서의 관성과 같은 것이며 질량이 크면 클수록 현재까지의 상태를 바꾸지 않으려는 현상 유지의 경향이 강하고 또한 가벼운 것일수록 이러한 경향이 약하다. 이 때문에 가벼운 것은 작은 힘으로 상태를 크게 변화시킬 수가 있는 것이다.

그런데 앞의 가속실험에 있어서 전자와 원자핵의 속도는 광속도에 접근하면 할수록 거의 증가하지를 않는다.

즉, 광속도에 가까이 간 경우에는 현상 유지의 경향이 아주 강해진다는 것이다. 이 사실을 설명하기 위해서는 다음과 같은 상식을 초월하는 생각을 아무래도 도입하지 않으면 안 되는 것이다.

즉, 전자와 원자핵의 질량은 광속도에 접근함에 따라서 점차로 크기가 커지는 것이 아닐까 라는 생각은 확실히 우리의 생각을 초월하는 것이기는 하나 전자와 원자핵에 제아무리 힘을 가해도 그 속도를 광속에까지 끌어올릴 수가 없다는 이유를 적어도 모순 없이 설명해 주는 것이다.

우리의 일상생활에 있어서 물체의 질량이라는 것은 물체의 운동 상태에 관계없이 변하지 않는 것이다.

체중이 50kg인 사람은 멎어 있는 상태에서도 50kg이고 달리고 있을 때에도 50kg이다. 비행기나 열차도 그 무게는 운동하고 있다 하더라도 더 무거워지는 일은 없다. 따라서 멎어 있을 때는 매초 1m의 가속도를 주는 힘으로써 그 물체가 움직이고 있을 때도 매초 1m의 가속도를 줄 수 있다. 그렇다면 가속을 반복하면 그 물체의 속도는 점차로 커지고 언젠가는 광속도를 넘는 것이 될 것이다.

질량이 커지므로 광속도를 넘을 수 없다

그러나 실제로는 앞서 설명한 실험에서도 본 것과 같이 광속도에 접근함에 따라 전자를 가속하는 데 힘이 들었으므로 전자의 질량은 그만큼 커졌다고 보지 않을 수 없다. 그리고 아무리 가속해도 광속도에 접근하는 것뿐이지 이것을 초월할 수 없다는 것은 광속에 가까워짐에 따라 전자의 질량이 무한대의 크기를 향하여 증가하고 있다고 보지 않을 수가 없는 것이다.

일상생활에 있어서 운동하는 물체의 질량이 속도에 의해 변하는 것처럼 보이지 않는다는 것은 우리가 취급하는 속도가 광속도에 비하여 무시할 수 있을 정도로 너무나도 느리기 때문일

〈그림 4〉 빨리 달리면 무거워진다

것이다. 즉, 운동하는 물체의 속도가 광속도에 비하여 아주 작을 때는 물체의 질량은 아주 근삿값으로밖에 변하지 않으며 또한 그 경우에는 속도의 가법이 성립한다고 볼 수가 있는 것이다. 그러나 광속에 가까운 속도에 있어서는 운동하는 물체의 질량은 속도와 더불어 급속히 변화하며 이 때문에 거기에서는 속도의 가법도 우리 일상생활에서 통용되는 것과 같은 단순한 형태로 적용할 수 있는 것이 아니다.

상대성이론에 의하면 물체의 질량은 속도와 더불어 다음의 식으로 표현되는 것처럼 변화를 한다.

식으로부터 알 수 있는 것처럼 물체가 정지해 있을 때 속도 v가 0일 경우, m_0였던 물체의 질량은 물체의 속도 v가 커지면 분모가 1보다 작아지기 때문에 m_0보다 커진다. 예를 들어 속도가 광속도의 90%가 되면 물체의 질량은 정지해 있을 때에 비해 2배의 크기가 된다. 같은 힘으로는 절반밖에는 가속이 되

$$m = \frac{m_0}{\sqrt{1 - \left(\dfrac{v}{c}\right)^2}}$$

m_0 : 정지해 있을 때의 물체의 질량
m : 움직이고 있을 때의 물체의 질량
v : 물체의 속도
c : 광속도

지 않는다. 물체의 속도가 광속도의 99.5%로 되면 질량은 10배가 된다. 다시 광속도의 99.995%가 되면 질량은 정지해 있을 때의 100배로 되고 만다. 그리고 속도가 광속도에 가까워질 때는 분모는 0이 되기 때문에 그 물체의 질량이 이제는 무한대로 되고 마는 것이다.

질량이 무한대에 가까운 것을 제아무리 큰 힘으로 잡아당긴다 하더라도 움직일 수는 없다. 따라서 모든 물체는 제아무리 힘을 가해도 그 속도가 광속도에 도달할 수 없다는 이치가 되는 것이다.

5. 질량은 에너지이다

가해진 에너지가 질량으로 전환된다

여기서 상대성이론에 광속도 일정의 원리가 가져다주는 또 하나의 혁명적인 결과에 대해서 설명해야겠다.

그것은

「질량과 에너지는 등가(等價)이다」

라는 것이다.

이 일을 생각하기 전에 먼저 에너지라는 개념에 대해 간단히 생각해 보기로 하자.

일반적으로 물체와 입자가 운동하고 있을 때, 그 물체와 입자는 잠재적인 일을 할 수 있는 능력을 지니고 있다. 이 능력을 우리는 에너지라고 한다. 예를 들자면 높은 곳으로부터 물을 낙하시키면 물은 점차로 그 속도를 증가시켜 낙하지점에 놓여 있는 터빈을 돌려 전기를 일으킨다. 이것은 낙하운동을 하고 있는 물의 운동에너지가 터빈을 회전시킴으로써 전기에너지로 전환되었기 때문이다. 물에 운동에너지를 준 것이 무엇인가 하면 그것은 바로 지구의 인력인 것이다. 다시 말해 물은 지구가 잡아당김으로써 운동에너지를 가졌던 것이다.

앞서 설명한 전자와 원자핵의 실험에 있어서도 전기력에 의해 전자와 원자핵이 가속되고 물의 경우와 마찬가지로 운동에너지를 갖게 된 경우였다. 따라서 이들 입자를 멈추고자 하여 물속으로 지나가게 하면 입자는 물의 저항을 받아 그 속도가 줄어들며 갖고 있던 그 에너지는 열로 전환된다. 그 결과 물의 온도는 올라가게 된다. 따라서 전자와 원자핵의 가속실험을 「에너지」라는 입장에서 본다면 이 실험은 전극에 모여 있던 전기에너지를 전자와 원자핵의 운동에너지로 반복하여 전환시키는 것이라는 것을 이해할 수가 있겠다.

전자와 원자핵에 전기에너지를 많이 주면 전자와 원자핵은 보다 더 크게 가속되어 보다 더 빠른 속도로 달리게 된다. 이 뜻은 앞서 설명한 실험에서 전자와 원자핵에 주어진 에너지의 양을 측정하여 그 때문에 가속된 비율을 조사하면 알 수 있는 것이다. 가까운 예를 들자면 차의 에너지원인 휘발유를 보다 많이 주입하면 차는 보다 더 빨리 달릴 수 있게 된다. 전차의 경우 전기에너지를 보다 더 많이 공급하면 전차는 보다 더 빨리 달리게 된다.

이렇게 에너지라는 입장에 서서 생각해 보면 먼저 가속실험의 결론을 다른 표현으로 나타내 볼 수가 있을 것이다. 전극에서 몇 번이고 반복하여 입자를 잡아당겼다는 것은 입자에 몇 번이고 에너지를 주었다는 것이 되므로 먼저 얻었던 결론은

「입자에 에너지를 제아무리 많이 주어도 그 입자를 빛의 속도에까지 가속할 수는 없다」

라고 표현할 수가 있는 것이다.

이상과 같은 표현을 사용하면 다음과 같은 일을 알 수가 있다. 입자는 전극을 통과할 때마다 에너지를 얻지만 광속도에 가까이 가면 그 이상은 달리지 않고 운동에너지가 증가하지 않는 것처럼 보이는 것은 어떤 이유 때문일까? 또한 에너지가 보존된다면 입자가 얻은 에너지는 어디에 소모했다는 것일까?

우리는 먼저 물체를 아무리 가속해도 물체의 속도가 광속도에 가까이 가면 그 이상은 달리지 않는 것을 물체의 질량이 속도와 더불어 증가하기 때문이라고 생각했다. 이 물체의 질량의 증가라는 것은 지금 우리가 문제로 삼고 있는 물체에 주어진

에너지의 소멸이라는 현상과 결부시킬 수 있는 유일한 해답으로서, 소멸한 것같이 보이는 에너지는 실은 물체의 질량으로 전환했다는 생각으로 통하는 것이다. 즉, 에너지와 질량은 같은 것이며 서로 교체될 수도 있다고 보는 것이다.

이것이야말로 아인슈타인의 상대성이론이 가져온 가장 혁명적인 결과의 하나라고 말할 수가 있다.

에너지 보존의 법칙과 질량 보존의 법칙의 통일

이렇게 하여 광속도 일정이라는 대원칙으로부터 출발하는 상대성이론은 우리 세상에서 통용되는 속도의 가법을 부정하고 에너지와 질량과의 등가성을 주장하는 것이다. 에너지와 질량이 같다는 이 생각, 즉 어떠한 질량도 에너지로 전환할 수 있다는 것이며 어떠한 에너지도 질량을 가질 수 있다는 생각은 아인슈타인의 상대성이론에 있어서의 광속도 일정의 원리로부터 나오는 주요한 결론이다.

예를 들어 여기에 컵에 가득히 담겨 있는 물이 있다고 하자. 이 물에 열을 가하여 뜨거운 물로 만들어 주면 물은 에너지가 높은 상태로 된 것이므로 이 열에너지만큼의 분량에 해당하는 질량이 증가했다고 생각하지 않으면 안 된다는 것이다.

우리 일상생활에 있어서는 물체의 질량과 에너지라는 것은 그야말로 전혀 다른 개념이었다. 탄소가 타서 탄산가스와 열이 발생한다는 화학반응을 생각해 봐도 반응 전의 탄소의 질량과 산소의 질량의 합은 반응 후의 탄산가스의 질량과 같다. 이러한 질량의 보존은 어떠한 화학반응에 있어서도 성립되며 이 사실을 의심하는 사람은 아무도 없다.

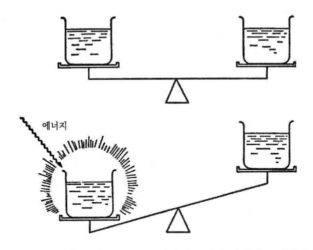

〈그림 5〉 물은 에너지를 받아 온도가 높아지면 무거워진다

한편 에너지 측면에서 보면 움직이고 있는 물체는 운동에너지를 가지고 있고 우리는 에너지를 열로 전환시킨다든가 전기에너지로 전환시킬 수도 있는 것이다. 물의 운동에너지에 의하여 터빈을 회전시켜 전기를 일으키는 것 등은 그 예의 하나일 것이다. 이렇게 해서 생긴 전기에너지는 전기스토브나 난로와 같은 것을 통하여 열에너지로 전환되어 우리를 따뜻하게 해 준다. 에너지는 이렇게 모습을 바꾸는 것이므로 어떠한 전환 과정에 있어서도 그 총량은 변하지 않는다. 이것이 이른바 흡수법칙이라고 말하는 물리학상 대법칙의 하나이다.

태양이 방사하는 에너지에 대하여 생각해 보자. 지구에 내리쬐는 태양에너지는 지구에 살고 있는 모든 생물들에게 생명을 가져다주는 큰 원동력이었을 것이다. 우리가 지구상에서 자유로이 쓸 수 있는 에너지, 석유, 석탄, 수력, 풍력, 또한 동식물이 가져다주는 에너지라 할지언정 이들 모두가 태양의 에너지가 형태가 바뀐 상태로 주어진 것에 불과하다. 이 태양으로부터의 에너지에서도 우리는 질량을 느낄 수가 없다. 이렇게 에너지는 에너지로서 폐쇄된 하나의 크나큰 시스템(System)을 이루고 있는 것이며 질량은 질량으로서 하나의 「닫힌 시스템」을 형성하고 있어 이 시스템 안에서 독립적으로 보존되어 있는 것처럼 보인다.

아인슈타인의 상대성이론에서 나온 에너지와 질량의 등가성은 서로 독립하여 통용되고 있는 것처럼 보이는 두 개의 보존법칙이 사실인즉 하나의 보존법칙으로 통일되어 있다는 것을 나타내고 있는 것이다. 이 통일된 하나의 보존법칙이란

「에너지는 보존된다」

라는 것이다. 물론 질량과 에너지는 등가이므로 이것으로부터 질량은 보존된다고 말해도 상관없다. 다만 에너지라는 개념이 질량의 그것보다도 훨씬 광범위하며 이 때문에 여기서 에너지는 보존된다고 한 것뿐이다.

모든 것은 「광속도 일정」으로부터

우리 일상생활에 있어서 에너지와 질량이 서로 독립된 것처럼 보이는 것은 에너지가 갖는 질량이 아주 작기 때문이다. 거꾸로 말하면 질량은 막강한 에너지에 대응하고 있다는 것과 같다. 그러므로 가령 물체가 에너지를 가지고 있다 해도 그 질량의 증가분은 소수점 이하에 0을 10개 내지 20개 정도 붙여야만 될 정도이다. 예를 들어 컵에 가득 채운 물에 에너지를 투입하여 온도를 섭씨 1도만큼 올렸을 경우 물의 질량은

10^{-11}gr, 즉 0.00000000001gr으로서 소수점 이하에 0이 10개나 나열되는 정도밖에 증가하지 않는다. 이렇게 작은 질량 증가를 우리가 측정할 수 없기 때문에 컵의 물에 제아무리 에너지를 주어도 그 질량은 변화하지 않는다고 관측될 수밖에 없는 것이다.

아인슈타인의 상대성원리에 의하면 질량을 gr 단위로, 에너지를 erg 단위로 표시했을 때 에너지와 질량 사이에는 아래 식과 같은 관계가 성립된다.

$$E = mc^2$$

E : 에너지(erg)

m : 질량(gr)

c : 광속도(3×10^{10} ㎝/sec)

이 식을 사용하면 1gr의 질량은 10^{21}erg에 가까운 에너지에 해당함을 알 수 있다. 또한 같은 것이지만 1erg의 에너지는 10^{-21}gr에 해당한다.

이 아인슈타인의 관계식이 실로 놀라운 내용을 포함하고 있다는 것은, 가령 1gr의 질량을 완전히 갈아서 에너지로 전환시켰다고 생각하면 10^{21}erg라는 막대한 에너지가 개방되는 것이므로 이 에너지는 일본에서 50년 전에 일어났던 관동대지진의 에너지에 해당하는 것이다.

태양의 내부에서는 4개의 양성자가 한 개의 헬륨으로 전환하고 있다고 한다. 4개의 양성자가 헬륨이 되면 질량이 약

5×10^{-26}gr만큼 감소한다. 이 때문에 그 감소 질량분에 해당하는 에너지인 약 4×10^{-5}erg가 발생한다. 이 에너지야말로 태양이 빛나는 그 빛의 원천이 되는 것이다. 태양의 중심부에서는 매초 실로 6억 5천만 톤의 양성자가 헬륨으로 전환되고 있으며 매초 10^{34}erg만큼의 에너지가 발생하고 있는 것이다.

아인슈타인의 질량-에너지의 등가성은 먼저 예시한 광속도 일정이라는 원리로부터 추론된 논리적인 결과의 하나인 것이다. 이미 보아 온 그대로 이 원리에 의해 우리 세계에서 통용되는 속도의 가산법이 부정된 것이다. 그리고 이 원리로 인해 모든 물체가 광속도에 도달한다든가 이것을 넘는 속도로는 달릴 수가 없다는 것을 알 수가 있다. 이것을 설명할 수 있는 유일한 생각은 물체의 질량이 속도와 더불어 증가한다는 것이다. 그리고 지금 이 광속도 일정이라는 원리는 에너지와 질량이 등가임을 주장하는 것이다.

6. 히말라야산 저 너머
또 하나의 세계가 있는 것일까?

빛의 고유질량은 0

여기서 빛의 속도가 광원과 관측자의 운동 상태에 따르지 않고 항상 일정하다는 상대성이론의 기본 원리가 갖는 의미를 다시 한번 생각해 보기로 하자.

소리의 예를 들자면 나에게 접근해 오는 차로부터 나오는 소리는 높은 소리로 들리고 멀어져 가는 차로부터 나는 소리는 낮은 소리로 들린다. 선전 스피커가 부착된 달리고 있는 차로부터 흘러나오는 음악은 그 때문에 아주 이상하게 들린다. 열차가 서로 스치고 지나갈 때도 아주 고음으로 접근해 오고 또한 맥 빠진 소리를 내면서 멀어져 간다.

이것을 도플러(Doppler)효과라고 하며 소리의 진동수가 관측자와 소리의 원천과 상대속도에 따라 변화하는 현상이다. 가까이 오는 음원으로부터 나오는 소리는 진동수가 증가하여 높은 소리로 들리며 멀어져 가는 음원으로부터 나오는 소리는 진동수가 감소하여 낮은 소리로 들린다.

빛의 경우에는 이러한 효과를 일상생활에서 경험할 수는 없다. 그러나 그 예를 별의 빛에서 구해 보면 지구로부터 멀어져 가는 별로부터 나온 빛은 진동수가 낮은 쪽으로 이동된 것이 관측되고, 지구에 가까이 오는 별로부터 나오는 빛은 진동수가 높은 쪽으로 이동된 것으로 관측될 것이다.

〈그림 6〉은 이 사이의 사정을 모형으로 표시한 것이다.

관측자에 대해서 움직이고 있는 광원이 이제 1초 동안 빛의 파형의 마루를 5개 내었다고 하자. 그 광원은 관측자에 대해서 움직이고 있어도 자기가 낸 빛에 쫓아갈 수가 없으므로 이 5개의 마루는 광원과 관측자 사이를 관측자를 향하여 달리고 있는

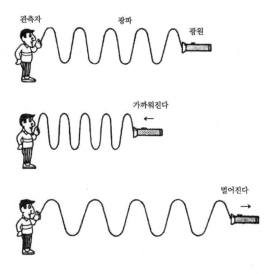

〈그림 6〉 도플러효과

것처럼 보인다. 이 때문에 이 그림에서 알 수 있는 것과 같이
이 파동은 축소될 수밖에 없다. 즉, 마루와 마루 사이의 간격이
아주 짧아지고 늘려져 가는 것처럼 보이는 것이다. 마루와 마
루 사이의 거리를 파장(波長)이라고 하고 파장의 역수를 진동수
(振動數)라고 부른다. 마루와 마루 사이가 줄어든다는 것은 진동
수가 높아진다는 이야기인 것이다.

　한편 광원이 관측으로부터 멀어져 갈 때는 이것과는 반대의
이야기를 할 수가 있다. 마루와 마루 사이의 거리가 길어지며
또한 진동수는 낮아진다고 할 수가 있는 것이다.

　이렇게 광파의 진동수가 광원으로부터 나올 때는 어떤 일정
한 값을 갖고 있는 것이라 해도 광원과 관측자의 상대운동에
의해 여러 가지의 변화된 것으로 관측되는 것이다.

이 그림에서 상상할 수 있듯이 멀어져 가는 광원으로부터 나온 빛은 광원의 이동속도가 크면 클수록 관측자에게 도달하는 파장은 길어지고 진동수는 낮아진다. 그렇다면 광원의 이동속도가 광속도에 가까워지면 어떻게 될까? 앞서 거론한 것과 같이 모든 물체는 광속도까지는 도달할 수는 없지만 이것에 가까이는 갈 수가 있는 것이다. 관측자로부터 멀어져 가는 광원의 속도가 광속도에 가까워지면 그곳으로부터 나오는 빛의 파장은 무한히 길어질지도 모른다. 그리고 그 파동의 진동수는 한없이 0에 가까워질 것이다. 이 때문에 이러한 빛을 관측자가 검토하기에는 곤란한 것으로 된다.

한편 관측자를 향하여 광속도에 가까운 속도로 접근해 오는 광원으로부터 나오는 빛의 파장은 한없이 줄어들고 이 때문에 진동수는 무한히 커지고 만다.

현재 우리는 빛이 광자(光子)라고 불리는 「소립자(素粒子)의 흐름」이라고 생각하고 있다. 그리고 광파의 진동수는 빛을 만들고 있는 광자가 갖는 에너지에 해당하는 것이다. 빛은 광속도로 전달이 되며 지금까지 본 것처럼 여러 가지 진동수를 가질 수가 있지만 이러한 것은 빛을 만들고 있는 광자가 광속도로 달리면서 여러 가지 값의 에너지를 갖는다는 것을 의미한다.

보통 우리가 아는 입자들, 예를 들어 원자핵이라든가 양성자 또는 전자와 같은 것은 가속이 되면 빨리 달리고 그 에너지는 증대한다. 이에 대하여 광자는 그 에너지가 클 수도 있고 작을 수도 있지만 속도는 항상 일정하여 광속도인 것이다.

다시 여기서 주의해 둘 것은 빛의 진동수는 그 극한에 있어서 0으로 될 수 있다는 것이다. 이 때문에 빛을 구성하고 있는 광자의 가장 낮은 에너지 상태는 0이 된다는 뜻이 된다. 바로 이것이 양성자라는 입자가 보통 입자와 크게 다른 점이다. 즉, 보통 입자의 경우는 가장 에너지가 낮은 상태는 아인슈타인의 식에서 $v=0$이라고 놓았을 때, 즉 입자가 정지해 있을 때였다. 이때의 에너지는 $m_0 c^2$이다. 여기서 m_0는 입자의 고유질량이라고 불리는 것이다. 이에 대응시키면 광자의 고유질량, 즉 가장 낮은 에너지 상태에 해당하는 질량은 0이라는 뜻이 된다.

2가지 입자군

빛이 고유질량이 0인 광자의 흐름이라고 하면 우리 주위의 물질세계를 구성하고 있는 입자에는 속도라는 관점에서 보았을 경우 2가지 종류가 존재한다고 할 수가 있다. 즉, 힘을 가하여 가속시켜 주면 빨리 달리지만 제아무리 가속해도 광속도까지는 도달할 수 없는 입자와 처음부터 광속도로 달리면서 광속도 이하나 또는 그 이상의 속도로는 달릴 수 없는 입자를 말할 수가 있다. 앞의 예로서는 전자, 양성자, 원자핵, 기본 입자로부터 구성되어 있는 모든 물체를 말할 수가 있다. 이러한 입자와 물체는 정지해 있을 때가 가장 에너지가 낮은 상태이며 이때의 에너지가 그 입자라든가 물질의 질량〔고유질량(固有質量)〕인 것이다. 그리고 고유질량은 측정 가능한 양이며 플러스의 실수(實數)로 되어 있다.

이것에 대하여 또 한 가지의 입자는 광자로 대표되는 것으로서 언제나 광속도로 달리는 입자이다. 그리고 이 입자의 고유질량은 0이다. 이 입자도 에너지가 높아지면 그것에 해당하는 질량을 갖지만 에너지가 가장 낮은 상태는 0이며 이 때문에 고유질량은 0으로 된다. 물론 이 입자는 정지할 수가 없다. 태어나서 죽을 때까지 살아 있는 한 광속도로 계속 달리고 있는 것이다. 이러한 종류의 입자로는 광자 이외에 「뉴트리노(neutrino)」와 같은 것이 알려져 있다.

이상의 내용을 다시 정리하면 다음과 같다.

제Ⅰ종 입자(보통 입자)

에너지가 가해지면 가속되어 빨리 달리기는 하지만 결코 그 속도가 광속도에까지 도달한다든가 또한 이것을 넘지 못하는 입자, 그 고유질량은 측정 가능한 플러스의 실수이다.

　예 : 전자, 양성자, 원자핵 또는 이러한 것들로 구성되어 있는
　　　모든 물체

제Ⅱ종 입자(광속 입자)

탄생할 때부터 죽을 때까지 살아 있는 한 광속도로만 달리는 입자, 어떠한 에너지 상태에서도 또한 어떠한 운동 상태에 있는 관측자로부터 보아도 그 속도는 항상 일정하며 광속도이다. 그리고 고유질량은 0이다.

　예 : 광자, 뉴트리노

제Ⅰ종 입자와 제Ⅱ종 입자의 에너지와 속도의 관계를 표시한 것이 〈그림 7〉이다. 여기서 입자의 속도를 횡축으로 입자의 에너지를 종축으로 잡고 있다. 제Ⅰ종의 입자는 이 그림에서 속도 0인 축에 대칭인 곡선으로 표시되어 있다. 속도 0에 있어

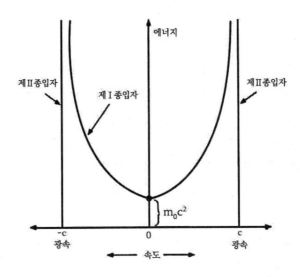

〈그림 7〉 입자의 에너지와 속도의 관계

서의 에너지는 입자가 정지해 있을 때의 에너지, 즉 고유질량
에 해당하는 것이다. 그림으로부터 명백히 알 수 있는 것과 같
이 입자를 가속해 가면 그 에너지는 곡선에 따라서 증대해 간
다. 그리고 속도가 광속도에 가까워지면 입자 에너지는 급속히
증대하여 무한대로 향해 간다. 즉, 이 제 I 종의 입자에 관해서
는 에너지 무한대라는 높은 벽이 광속도라는 위치에 서 있다는
느낌을 갖는다.
　한편 제 II 종의 입자는 어떻게 된 것일까? 이 입자는 멎을 수
가 없고 에너지가 높은 경우에나 낮은 경우에나 그 속도는 일
정한 광속도 그대로이다. 따라서 그림에서는 $v=c$의 위치에 서
있는 직선으로 표시가 된다. 즉, 제 I 종의 입자로서는 도달할
수 없는 무한대 에너지의 벽 그 자체라는 인상을 주는 것이다.

벽의 저 건너편에는 무엇이 있나?

자연계에 존재하는 모든 입자는 이 제I종 또는 제II종의 입자군 중 그 어느 한쪽에 속하며 이 밖의 입자는 오늘날까지 알려져 있지 않다. 광자와 뉴트리노라고 불리는 고유질량이 0인 제II종의 입자를 제외하고는 모든 입자 및 그것으로 구성되어 있는 물체는 전부가 광속도라는 위치에 서 있는 에너지 무한대의 벽에 둘러싸여 있는 세계 속에서 살고 있는 존재라고 말할 수가 있을 것이다.

그 옛날 주위가 높은 히말라야산맥으로 둘러싸인 곳에 살고 있던 인도 사람들은 그들이 살고 있는 세계가 곧 그들에게는 이 세상의 전부라고 믿어 왔던 것이다.

히말라야는 구름을 뚫고 하늘에 솟아 있어, 그들 세계의 끝임을 알려 주는 데는 충분한 존재였었다. 히말라야를 넘은 사람들은 존재할 수가 없었고 히말라야 저 건너편으로부터 온 사람들도 없었다.

그러나 히말라야가 제아무리 높고 그리고 그것을 넘어온 이방인도, 그것을 넘어간 인도인도 없었다 해도 히말라야로 둘러싸인 세계만이 세상의 모든 것이라고 생각하는 것은 옳지 않은 것이다. 오히려 넘어온 사람도 넘어간 사람도 없으므로 저 건너편에는 어떤 세계가 있는지 모르겠다는 것이 옳은 표현일 것 같고, 보다 더 적극적으로는 저 건너편에는 전혀 다른 세계가 있을 것이라는 게 더 합당한 표현이 아닐까 하는 것이다.

히말라야산 너머에는 무엇이 있나?

　광속도라는 지점에 솟아 있는 무한히 높은 에너지의 벽 안쪽의 세계만이 우리가 알 수 있는 세계의 모든 것이 아닐지도 모르는 것이다.

　상대성이론의 출현 이후, 물리학자들은 광속도를 넘는 세계의 존재를 생각해 보고자 하는 사람들과 또는 그러한 생각을 하는 것은 의미가 없다고 하는 두 그룹으로 갈라져 나갔다.

7. 빛보다 빠른 입자

탄생했을 때부터 초광속인 타키온

여기서 제Ⅱ종 입자인 광자를 생각해 보면 그 속도가 점차 가속되어 빨라지고 드디어 광속도에 도달한 것은 아니다. 탄생했을 때부터 그리고 무엇인가에 흡수되어 그 생애를 끝낼 때까지 광자는 광속으로 계속 달리고 있는 것이다. 이것에 대해서 제Ⅰ종의 입자라는 것은 제아무리 가속되어도 광속도의 벽을 뚫을 수는 없다. 즉, 제Ⅱ종의 입자로는 될 수가 없는 것이다.

이 두 가지에 관해서 생각해 보면 다음과 같은 가능성을 지니고 있다고도 할 수가 있겠다. 즉, 광속을 넘는 곳에는 우리가 아직도 그 정체를 잡을 수는 없지만 제Ⅲ종의 입자라고 부를 수 있는 입자군이 존재하지 않겠는가 하는 점이다.

이 제Ⅲ종의 입자라는 것은 제Ⅰ종의 입자가 광속도의 벽을 넘을 수가 없는 것과 같이 광속도보다도 느린 속도로는 될 수가 없고, 제Ⅱ종의 입자가 탄생했을 때부터 광속도로 달리고 있는 것과 같이 제Ⅲ종의 입자도 탄생했을 때부터 광속도를 넘는 속도로 계속 달리며 결코 광속도 이하의 속도로는 될 수 없는 입자라고 하자는 말이다.

이제까지 우리는 제Ⅰ종의 입자를 가속하여 빛보다 빨리 달리게 해 보자고 노력을 해 왔지만 우리 자연의 구조에서 현재까지 알려진 것과 같이 어떤 노력도 모두가 수포로 돌아갔음을 알 수 있다. 즉, 전자, 양성자 등의 제Ⅰ종의 입자에 속하는 보통 입자를 제아무리 가속해도 광속을 넘는 속도로 달리는 제Ⅲ종의 입자로는 될 수 없는 것이므로 즉, 제Ⅲ종의 입자라는 것은 다음과 같이 정의할 수 있다.

제III종의 입자(초광속입자)

어떠한 성질을 지니고 있는 입자인지는 아직도 알 수 없지만 탄생했을 때부터 그 입자는 살아 있는 한 광속을 넘는 속도로 계속 달리며, 결코 제I종과 제II종의 입자로는 될 수 없는 입자이다.

제III종의 입자는 결코 광속 이하의 속도로는 될 수 없다는 것은 제I종의 느린 속도의 입자가 결코 광속 이상의 속도로는 될 수 없다는 것과 관계되어 있다. 만일 제I종의 입자가 광속 이상의 속도로 가속될 수 있다면 그것은 제III종의 입자로 되었다는 뜻이므로 그 반대의 일도 당연히 일어날 수 있을 것이다. 그러나 그렇다면 여기서 제I종과 제II종의 입자는 굳이 구별할 필요가 없는 것이다.

느린 속도의 입자가 광속도를 넘을 수 없다는 조건하에서 초광속도의 입자를 생각한다는 것은 상호 간에 간섭은 있을 수 없다는 것을 의미하고 있다. 이 때문에 초광속도 입자는 결코 정지할 수가 없고 일단 탄생한 이상 영원히 초광속도로 달리게만 결정되어 있는 것이다.

이렇게 터무니없이 분주한 이 입자는 그리스어로 '빠르다'라는 의미를 가진 말로서 「타키온(Tachyon)」이라고 명명된다.

타키온의 특징

그렇다면 이 타키온이 갖는 입자로서의 특징은 어떤 것일까?

우선 타키온의 고유질량에 대해서 생각해 보자. 고유질량이란 입자가 멎어 있는 상태에 있어서의 에너지의 뜻이다. 제II

종 입자인 광자의 경우는 0이며 제 I 종의 보통 입자의 경우는 플러스의 실수임을 이미 알아보았다.

초광속입자인 타키온의 속도는 탄생했을 때부터 초광속도이며 결코 광속도 이하로는 될 수가 없다. 따라서 타키온에는 정지라는 상태는 없다. 타키온이 정지할 수 없다면 그 고유질량은 도대체 어떻게 되는 것일까? 초광속으로 달리는 타키온도 입자라면, 측정할 수 있는 에너지와 측정이 될 수 있는 속도를 가져야 할 것이다. 즉, 에너지도 속도도 실수가 아니면 안 된다는 것이다. 여기서 속도는 정리에 따라서 플러스의 값이나 마이너스의 값 모두를 취할 수가 있지만 에너지는 일을 할 수 있는 능력을 의미하므로 플러스의 값만이 뜻이 있는 것이다.

그리고 타키온은 초광속도로 달리는 입자이기는 하지만 상대성이론에서는 생각할 수 있는 입자라고 여기기로 한다. 타키온에 대해서도 질량과 속도를 연결시키는 아인슈타인의 다음의 식이 성립된다고 생각하기로 하자.

$$E = mc^2 = \frac{m_0 c^2}{\sqrt{1 - \left(\dfrac{v}{c}\right)^2}}$$

$$= \frac{im^* c^2}{i\sqrt{\left(\dfrac{v}{c}\right)^2 - 1}} = \frac{m^* c^2}{\sqrt{\left(\dfrac{v}{c}\right)^2 - 1}}$$

그러면 에너지와 질량의 등가성으로부터 이 식의 왼편은 타키온의 에너지를 표현하므로 이것은 특정 가능한 플러스의 실수가 아니면 안 되는 것으로 된다. 그런데 우변은 타키온의 속도 v가 광속도 c보다 크기 때문에 제곱근 기호 속의 값이 마이너스로 되어 허수(虛數)가 된다.

이것이 참으로 곤란한 일인 것은 우리가 허수의 양을 관측할 수가 없기 때문이다. 타키온의 에너지를 관측 가능한 하나의 물리량으로 만들기 위해서는 무엇인가 가공을 해 주어야 할 것이다. 가장 간단한 방법은 타키온의 경우, 우변의 분자인 고유 질량 m_0를 순허수(純虛數) im^*으로 가정하면 될 것 같다. 여기에 m^*은 물론 실수이다. 이 가정을 놓고 m_0에 im^*을 대입해 주면 위의 식과 같이 우변은 플러스의 실수로 된다. 이렇게 하여 타키온의 에너지를 측정 가능한 물리량으로 할 수가 있었다. 그러나 그 대상으로서 타키온은 순허수 im^*의 고유질량을 가진 기묘한 입자로 되고 만 것이다. 그러나 절대로 정지할 수 없는 타키온에 있어서는 가령 그 고유질량, 즉 정지해 있을 때의 질량이 허수라도 상관이 없다는 생각을 염두에 두고 보자. 왜냐하면 아무래도 그것은 직접 관찰할 수 있는 양은 아니기 때문이다.

광속도를 넘는 속도로 달리고 있는 제Ⅲ종의 입자 타키온의 고유질량이 순허수라면 제Ⅰ, 제Ⅱ, 제Ⅲ종의 입자라는 것은 그 고유질량에 의해서 다음과 같이 분류될 수 있다는 것을 알 수 있다.

제Ⅰ종의 입자 : $m_0^2 > 0$, m_0는 (+)의 실수

제Ⅱ종의 입자 : $m_0^2 = 0$, m_0는 0

제Ⅲ종의 입자 : $m_0^2 < 0$, m_0는 순허수 im^*

즉, 고유질량으로 생각할 때 언뜻 보기에는 규칙성이 없는 것처럼 보이지만 그 제곱으로 생각해보면 제 I, 제 II, 제 III종의 입자는 m_0^2이 플러스이냐, 마이너스냐, 0이냐 라는 것으로 분류됨을 알 수 있다.

에너지는 0, 속도는 무한대

앞서 소개한 아인슈타인의 식으로 다시 돌아가자. 이 식을 보면 명백한 것과 같이 타키온은 속도가 광속도일 때, 즉 $v=c$ 일 때 그 에너지는 무한대로 된다. 다음에 타키온의 속도에 무한대라는 양을 대입해 주면 타키온의 에너지는 0으로 되고 만다. 타키온이 따르는 아인슈타인의 식이 속도라는 것에 광속도 c로부터 무한대까지에 이르는 여러 가지 값을 대입하여 그 에너지를 속도의 함수로 표현하면 〈그림 8〉과 같이 된다. 이 그림에는, 우리가 알기 쉽게 비교해 보기 위하여 제 I종의 입자와 제 II종의 입자의 경우도 같이 그려 보기로 했다.

이 그림을 보면 알 수 있는 것과 같이 제 I종 입자의 경우에 광속도는 결국은 도달할 수가 없던 벽이었다는 것과 마찬가지로 제 III종의 입자인 타키온의 경우에도 광속은 아무래도 도달할 수 없는 무한대의 에너지의 벽으로 되어 있다. 타키온을 광속도로 하기 위해서는 여기에 무한대의 에너지를 퍼부어 넣어야만 한다는 뜻이다.

독자들은 이미 알고 있겠지만 타키온은 탄생한 이후로 그저 광속도 이상의 속도로만 달리는 것이다. 이 타키온이 도달할 수 없는 가장 느린 속도가 바로 그것이 광속도인 것이다. 즉, 타키온의 속도를 줄여서 광속도에 접근시키기 위해서는 밖에서

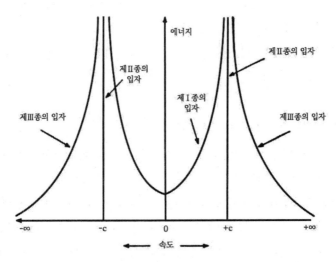

〈그림 8〉 제Ⅰ, Ⅱ, Ⅲ종 입자의 속도와 에너지의 관계

에너지를 충당하지 않으면 안 된다. 다시 말해 타키온의 속도를 감속시키기 위해서는 에너지가 필요하다는 뜻이다.

우리는 광속보다 빠른 속도로 만들고자 원자와 원자핵을 가속시켜 보았다는 사실을 아직도 기억하고 있다. 이때 우리는 이들 입자에 반복하여 에너지를 주었다.

이제 우리가 타키온을 감속시켜 그 속도를 광속에 가까이 가도록 하기 위해서는 이에 대해 반복하여 에너지를 가하여야 한다는 뜻도 되는 것이다.

고유질량이 0이 아닌 입자, 그것이 플러스의 실수인 제Ⅰ종의 입자이건, 허수의 제Ⅲ종의 입자이건 간에 이들 입자의 속도를 광속도에 접근시키기 위해서는 이 모두가 에너지를 필요로 하게 된다. 이 두 가지 입자에서 생각할 때 광속도라는 것은 그야말로 무한대의 에너지, 즉 무한대의 질량에 해당하는 것이다.

히말라야산맥 저 건너편에도 세계는 존재하나 히말라야가 너무도 높아, 이쪽으로부터 저쪽으로, 저쪽으로부터 이쪽으로 절대로 왕래할 수가 없다는 이야기가 되는 것이다.

8. 기묘한 거동

타키온은 변덕쟁이

정지해 있는 물체에 힘을 가해 밀어 주면 그 물체는 움직이며, 운동에너지를 갖게 된다. 우리가 알고 있는 모든 물체는 밀거나 잡아당겨 주면 보다 빨리 움직이고 보다 높은 수준의 에너지 상태로 된다. 〈그림 8〉에서 보면 이 사실은 명백한 것이며 속도가 크면 에너지도 당연히 높아지는 것이다.

그러나 타키온은 어떠한가? 〈그림 8〉에서 알 수 있는 것과 같이 속도가 증가함에 따라 에너지는 반대로 낮아진다. 타키온에 힘을 가하여 민다거나 잡아당길수록 타키온의 에너지는 높아지나 속도는 느려지는 것이다.

다음에는 타키온으로부터 에너지를 뺏는 경우를 생각해 보자. 우리의 상식은 어떤 물체로부터 에너지를 뺏으면 그 물체의 속도는 느려지고 언젠가는 정지하고 만다는 것을 가르쳐 주고 있다. 달리고 있는 차에 브레이크를 걸면 차는 느려지고 언젠가는 정지하게 된다. 높은 에너지의 전자와 원자핵을 물질 속으로 통과하게 하면 물질 속의 전자와 원자핵은 서로 충돌을 반복하면서 자기 자신의 에너지를 상실하고 언젠가는 정지하게 된다.

빛보다 빨리 달리는 타키온을 물질 속에 넣어 주면 타키온도 전자와 원자핵과의 충돌에 의해 그 에너지를 상실한다. 그러나 보통 입자의 경우와는 달리 타키온은 그 속도를 더욱 증가시키는 것이다. 그리하여 에너지를 모두 상실했을 때는 타키온은 무한대의 속도로 달리게 된다.

이러한 일을 자동차 운전의 경우로 바꾸어 생각하면 액셀러레이터를 밟으면 자동차는 느리게 달리며 브레이크를 걸면 빨

제Ⅰ종의 입자는 밀어 주면 빨리 움직이나 제Ⅲ종의 입자는 밀어 주면 느려진다. 우리의 일상생활에서 이런 현상이 일어날 수 있는 것일까?

리 달린다는 이상한 경우가 될 것이다.

타키온이 자기가 갖는 에너지를 전부 상실하고 에너지 0의 상태가 되면 그 속도는 무한대가 된다. 무한대의 속도를 가진 입자는 그 이동에는 시간이 걸리지 않으므로 순간적으로 우주의 끝으로부터 끝까지 갈 수가 있게 된다는 이치다.

이렇게 에너지를 잃어버린 타키온이 무한대의 속도로 된다는 것은 뒤에 보는 것과 같이 타키온을 찾는 입장에 섰을 때 중요한 문제가 되는 것이다.

불변량(不變量)이란?

광속을 넘는 속도로 달리는 제Ⅲ종의 입자 타키온의 운동을 상대성이론의 테두리 안에서 취급할 경우 또 하나의 중요한 점을 살펴보지 않으면 안 된다.

그것은 타키온의 운동과 그것을 관측하는 사람 사이의 운동 상태와 관련된 문제이다.

이제 시속 200km로 달리는 열차의 경우를 생각해 보자. 지상에 정지해 있는 관측자에 대하여 틀림없이 열차는 200km의 속도로 달리고 있으나 열차와 같이 200km로 움직이고 있는 사람, 즉 열차를 타고 있는 사람의 입장에서는 당연한 일이겠으나 열차는 멎어 있는 것으로 보인다. 또한 시속 300km로 열차 위의 하늘을 열차가 달리는 방향과 같은 방향으로 날고 있는 헬리콥터 쪽에서 보자면 그 열차는 100km의 속도로 반대쪽으로 멀어져 가는 것으로 보일 것이다.

이렇게 속도의 크기와 그 방향은 관측자의 운동 상태에 따라서 일반적으로는 다르게 보이는 것이다. 그리고 속도가 달라진다면 그 에너지도 달라지게 마련이다. 빛의 속도에 가까운 속도로 달리는 원자핵의 에너지는 막대한 것이나 그 원자핵에 타고 있는 사람의 입장에서 보면 원자핵의 속도는 0이며 그 에너지는 정지에너지, 즉 원자핵의 고유질량에 해당하는 것으로 보여야 한다.

이렇게 제 I 종의 입자와 그것으로 구성되어 있는 모든 물체의 운동은 관측자의 운동 상태에 따라 달라지는 것이다.

이것에 대하여 제 II 종의 입자의 경우는 어떻게 될까? 상대성이론에서는 광속도는 관측자의 운동 상태에 따르지 않고 일정하다고 보고 있다. 따라서 이제 광자가 달을 향해 달리고 있는 경우 그 광자와 동시에 달을 향해 발사된 광속에 가까운 속도

를 가진 전자 위에 타고 평행하게 달리고 있는 광자를 본다 하
더라도 광자는 멎어 있는 것처럼 보이지 않고 역시 광속도로
달을 향해 달리고 있는 것처럼 보일 것이다.

그렇다면 이 광자 위에 관측자가 타고 광자를 보면 광자는
멎어 있는 것처럼 보일까?

이러한 경우는 발생할 수가 없는 일이다. 즉, 관측자는 제Ⅰ
종의 보통 입자로 되어 있기 때문에 광자 위에 올라타서 광속
도로 달리는 일은 불가능하기 때문이다.

광속도와 같이 어떠한 운동 상태의 관측자에 대해서도 항상
일정한 양을 가리켜 불변량(不變量)이라고 한다. 여기서 주의해
야 할 것은 빛의 속도는 불변량이나 빛의 진동수, 즉 광자의
에너지는 불변량이 아니라는 점이다. 이 사실은 이미 도플러효
과로 설명이 된 것이다.

관측자에 따라 달라지는 타키온의 속도

제Ⅲ종의 입자에 속하는 타키온의 경우는 어떻게 될까? 타키
온은 탄생하자마자 초광속도로 달리는 입자이다. 또한 타키온
은 절대로 광속도 이하의 속도로는 돌아갈 수 없는 입장이
다. 그러나 타키온의 속도는 광속도와 같이 불변량은 아니기
때문에 관측자의 운동 상태에 따라 달라진다. 이때 어떠한 관
측자로부터 보더라도 타키온의 속도는 광속도 이하의 속도로
될 수 없다는 점은 중요한 것이다. 그 이유는 어떤 상태에 있
는 관측자로부터 보더라도 제Ⅰ종의 입자의 속도가 광속 이상
의 속도가 될 수 없다는 것과 마찬가지 원리이다. 예를 들자면
광속도의 1.5배로 달리고 있는 타키온을 광속도에 가까운 속도

로 같은 방향을 향하여 달리고 있는 전자 위에 타고 바라보는 경우에도 타키온의 속도는 광속의 0.5배로 보이는 것이 아니라, 여전히 광속도 이상의 속도로 달리고 있는 것처럼 보이는 것이다. 즉, 여기서도 속도의 가산법은 성립되지 않고 있는 것이다. 그렇다면 초광속도로 달리고 있는 타키온 위에 관측자가 타고 있다면 타키온은 멎어 있는 것처럼 보일 것인가? 광자의 경우와 마찬가지로 이것은 그렇지 않다고 말할 수 있는 이유는 만약에 우리가 타키온에 올라타고 타키온과 같이 초광속도로 달릴 수가 있다고 하면 우리의 고유질량은 타키온과 같이 허수로 되고 말기 때문이다.

타키온의 속도가 관측자의 운동 상태에 따라 달라진다면, 예를 들어 지구상에 정지하고 있는 관측자가 광속도로 달리고 있는 타키온을 관측했을 경우 그것과 같은 타키온을 로켓 속의 사람이 관측한다면 무한대의 속도로 달리고 있는 것처럼 보일 수도 있다는 것이다. 즉, 어떠한 속도의 타키온에 있어서도 그 타키온의 속도를 무한대로 관측할 수 있는 운동 상태의 사람이 반드시 존재한다는 이야기인 것이다. 그런데 무한대의 속도를 가진 타키온의 에너지는 0이라는 것이 알려져 있다. 0의 에너지를 만드는 데는 에너지가 필요 없을 것이다. 그렇다면 그러한 운동 상태의 사람으로부터 관측한다면 0 에너지의 타키온은 물체로부터 자발적으로 증발해 오는 것처럼 보여야만 할 것이다. 가령 그러한 일이 일어난다 해도 에너지 보존법칙에는 모순되지 않는다.

이 문제에 관해서는 다시 후에 거론하기로 한다. 이 장에서

는 타키온의 속도는 어떠한 운동 상태의 사람이 보더라도 광속
도 이상은 되나 그 값은 불변량이 아니고 관측자의 운동 상태
에 따라서 달라진다는 것을 염두에 두고 생각해 보기로 하자.

9. 과거로의 통신은 가능할까?

타키온 로켓

빛의 속도보다 빠른 입자가 존재한다면 이것을 사용하여 과거로 정보를 보낼 수 있는 것이 아니냐는 가능성이 있다. 또는 이러한 입자로 로켓을 만들어 이것을 타고 우리는 자기의 과거 속으로 가 볼 수 있지 않을까 라고 생각해 본다.

그래서 우선 우리의 과거를 볼 수 있는 것인가 하는 것을 검토해 보기로 하자.

토성(土星)은 지구로부터 약 15억㎞ 떨어져 있는 천체이다. 토성으로부터 출발한 빛은 약 1시간 20분 걸려 우리가 살고 있는 지구에 도착한다. 이 때문에 우리가 그 순간에 망원경을 통해서 보는 토성의 모습은 약 1시간 20분 전의 모습인 것이다. 이렇게 지구로부터 멀리 떨어져 있는 토성이라 할지라도 빛의 속도의 100배 이상의 속도로 달리는 타키온 로켓이라면 토성으로부터 지구로 오는 데는 1분도 안 걸릴 것이다. 그리하여 이 타키온 로켓으로 지구에 온 우주선이 이미 지구상의 망원경을 통해 토성을 다시 본다면 그 우주인은 1시간 20분 전으로부터 로켓을 타고 출발할 때까지의 자기의 과거를 토성에서 관측할 수가 있게 된다.

또한 초광속도로 달리는 타키온 로켓에 강력한 망원경을 태워 우주로 출발했다고 하자. 타키온 로켓은 과거에 지구가 발사한 빛을 그냥 추월하고 갈 수가 있으므로 로켓 속의 인간은 지구의 역사를 현재로부터 과거로, 마치 영화의 필름을 역전시켜 보는 것과 마찬가지로 관찰할 수 있다. 이렇게 타키온 로켓을 타고 있는 사람에게는 마치 로켓이 시간에 역행해서 달리는 것과 같은 기분을 갖게 될 것이다.

그러나 이러한 일은 가령 타키온이 발견되었다 하더라도 일어날 수는 없다. 그 이유는 앞서 설명한 것과 같이 우리는 어디까지나 제Ⅰ종의 입자인 전자와 원자핵으로 되어 있는 물질로서 광속도를 초월해서 달리기는 불가능하기 때문이다. 그리고 또한 광속도 이상의 속도로 마냥 달리는 타키온을 모아 타키온 로켓을 조립하는 것도 불가능한 일이 아닐까?

이렇게 하여 타키온 로켓으로 과거를 바라본다는 꿈은 깨어지고 만다. 가령 그와 같이 과거를 볼 수 있다 하더라도 자기의 과거에 가서 같은 장소에서 직접 보는 과거는 아닐 것이다. 초광속도로 달리는 로켓 속에서, 즉 거의 무한이라 해도 좋은 거리에 서서 망원경을 통하여 들여다보는 과거인 것이다. 그렇기 때문에 과거를 들여다볼 수 있다 해도 그 과거에 참여할 수는 없는 것이다.

과거를 직접 보기 위해서는, 그리고 그 과거에 참여하기 위해서는 그 과거의 장소에 가지 않으면 안 된다. 그러나 과거를 직접 보기 위하여 우리는 지구로부터 타키온 로켓을 어느 방향으로 발사시키면 좋은 것일까?

과거의 자기에게 소식을 보낸다

제Ⅰ종의 물질인 우리는 광속도를 초월할 수는 없으므로 타키온에 의해 이번에는 어떻게 해서든지 우리의 과거에 소식을 보낼 수는 없는 것인가 라는 것에 대해 생각해 보자. 만일 과거에 통신을 전할 수 있다면 우리는 현재 가지고 있는 정보를 자기 과거에 알려 줄 수가 있을 것이다.

타키온을 사용하여 과거의 자기에게 소식을 전하는 것이 가능하려면 지구로부터 발사된 타키온은 과거의 자기에게 돌려보내야 할 필요성이 있다. 즉, 타키온은 시간에 역행하여 현재로부터 과거로 진행하도록 해야만 한다. 바로 이것이 일어날 수가 있는 일일까?

그래서 다음과 같은 경우를 생각해 보기로 하자.

우선 보통 물질로 로켓을 만들어 그 로켓에 사람을 태워 하늘에 발진시킨다. 이 로켓은 우주의 어딘가로 지구에 대해서 u의 속도로 달려간다. 물론 u는 광속 c보다 작다. 이 로켓을 향하여 지구로부터 타키온을 시간 t_0에 발사한다. 타키온은 광속 c보다도 훨씬 빠른 속도로 달리므로 로켓을 바로 따라잡을 것이다. 로켓 안에 있는 사람은 타키온을 받아들이자마자 동시에 그 타키온을 이번에는 로켓으로부터 지구로 되돌려 보낸다. 로켓으로부터 나온 타키온은 언젠가는 지구상에 도달하게 될 것이다. 지구에 있는 사람이 타키온을 받은 시간을 t라고 하자.

이때 시간 t가 시간 t_0보다 언제나 시간상으로 후의 일이라면 별문제가 없다. 우리는 타키온을 사용하여도 자기의 과거에 신호를 보낼 수는 없는 것이다. 실제로 제 I 종의 입자인 전자나 제 II 종의 입자인 광자를 사용해서 실험을 해 보면 언제나 t는 t_0보다 시간적으로 후가 되는 것이다. 즉, 우리는 입자를 로켓을 향하여 발사한 후에 로켓으로부터 답신 입자를 받고 있는 것이다. 이것은 우리의 상식으로 보아도 당연한 일이다. 통신위성을 사용하여 지상에 있는 어떤 지점에서 발신하는 전파를 세계 각지에 보낼 경우도 발신지에 있어서의 전파 발사 시각보다

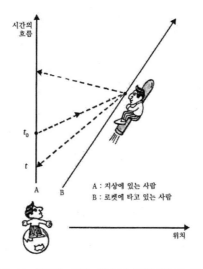

〈그림 9〉 로켓과 지상 사이를 타키온으로 교신한다

각지에서의 수신 시각은 시간적으로는 뒤라는 것을 누구라도 알 수 있다.

그러나 발사된 입자가 초광속도로 달리는 타키온이라면 사정이 달라진다. 시간 t_0에 로켓으로 발사된 타키온을 지상의 사람이 보았을 경우, 타키온은 로켓을 뒤쫓아 달리고 있는 것이므로 그 추적에는 아주 작을지라도 시간이 걸리는 것이다. 이 때문에 타키온은 시간적으로는 미래를 향하여 달리고 있는 것처럼 보이지 않으면 안 된다. 그러나 앞서 타키온의 운동은 관측한 사람의 운동 상태에 따라 다르게 보인다는 이야기를 했다. 하지만 관측하는 사람의 운동 상태에 따라 달리 보이는 것은 타키온의 속도만은 아닌 것이다. 타키온이 상대성이론으로 취급될 수 있는 입자라면 타키온의 운동에 소요되는 시간도 그 부호를 합하여 관측하는 사람의 운동 상태에 따라서 달라지는 것이다.

이것은 아주 중요한 일이다. 어떤 관측자에 의해 타키온의 운동에 수반되는 시간이 마이너스라는 것은 그 운동이 시간 진행의 반대 방향으로 일어났기 때문이다. 즉, 그 관측자에게는 타키온은 과거로 향하여 달리고 있는 것으로 보이기 때문이다.

로켓의 속도가 u, 타키온의 속도가 v라면 만일 $v \times u$가 광속도 c^2보다 클 경우(〈부록 2〉 참조), 즉

$$u \times v > c^2$$

의 경우 구체적으로 말하면 광속도의 1/10의 속도로 달리고 있는 로켓을 향하여 광속도의 20배의 속도를 가진 타키온을 발사했을 경우

$$0.1c \times 20c > c^2$$

이므로 로켓에 타고 있는 사람으로 보자면 타키온은 과거를 향하여 달리고 있는 것처럼 보인다. 타키온이 아닌 보통 입자의 경우 광속도보다 빨리 달릴 수는 없으므로 앞서 제시한 조건을 만족시킬 수는 없다. 이 때문에 지구상에 있는 사람이 보나 로켓 안에 있는 사람이 보나, 보통 입자는 미래를 향하여서만 달리고 있는 것처럼 보인다.

그러나 초광속입자인 타키온의 경우, 앞서 제시한 조건을 만족시킬 수 있다면 지구상의 사람이 보면 미래를 향하여 달리고 있는 로켓이라 할지라도 로켓 안에 있는 사람은 이것을 과거로 향하여 달리고 있는 것으로 보는 것이다.

실제로는 로켓 안에 있는 사람은 과거를 향하여 달리고 있는 타키온을 볼 수는 없을 것이다. 왜냐하면 자기 자신은 미래를

향하여 날고 있기 때문이다. 따라서 로켓 안에 있는 사람은 어떤 순간에 갑자기 미래로부터 타키온의 신호를 받게 된다. 로켓에 타고 있는 사람은 지구로부터의 타키온의 신호를 수신함과 동시에 이번에는 그 수신 내용을 타키온에 태워서 지구로 향해 발신한다고 하자. 신호를 태운 이 타키온은 로켓에 있는 사람으로서 보자면 미래를 향하여 달리고 있다 함은 두말할 필요도 없다.

그러나 이 로켓은 지구에 대해서 u라는 속도로 운동하고 있다는 것을 염두에 두자. 로켓이 지구로부터 u라는 속도로 멀어져 가고 있다는 것은 로켓 안에 있는 사람이 보자면 지구가 u라는 속도로 로켓으로부터 멀어져 가고 있다는 뜻이 되는 것이다. 따라서 먼저 지구로부터 발사된 속도 v의 타키온이

$$u \times v > c^2$$

이라는 조건을 만족시킬 때 로켓 안에 있는 사람이 볼 때는 과거를 향하여 달리고 있는 것처럼 보인다는 똑같은 상황이 이번에는 입장을 달리해서 실현되는 것이다.

즉, 로켓에 탄 사람이 볼 때는 미래를 향해 달리고 있는 타키온이 되지만 그와 같은 타키온이 지구에 있는 사람이 볼 때는 과거를 향해 달리고 있는 것처럼 보이는 것이다. 이 때문에 우리는 그 타키온 신호를 로켓을 향해 발신한 시간보다 앞선 시간에, 즉 자기의 과거에 있어서 그 신호를 받을 수도 있는 것이다.

이러한 불가사의한 현상은 지구로부터 출발한 타키온의 속도와 로켓으로부터 발사된 타키온의 속도가 앞서 표시한 조건을 만족시켰을 때 반드시 일어난다. 그러므로 우리가 가지고 있는

현재의 정보를 타키온에 위탁하면 과거의 자기에게 전달할 수 있는 것이다.

인생은 장미 꽃밭에 있는 기분?

이렇게 과거의 자기에게 타키온을 사용하여 통신을 할 수 있다면 인생은 그야말로 장미 꽃밭에 있는 기분이 될 것이다. 왜냐하면 과거의 우리는 미래로부터의 정보를 입수할 수 있고 미래를 예언할 수 있기 때문이다.

예를 들어 대학 입학시험에서 나쁜 성적을 얻어 불합격이 되었다고 하자. 모범 답안은 시험 다음 날 발표가 될 것이므로 각 과목의 모범 답안을 수집해 가지고 타키온 신호를 사용하여 시험 전의 자기에게 보낸다. 그러면 시험 전의 어떤 날 책상에 앉아 공부하고 있을 때 갑자기 타키온 수신기가 발동하여 후일 있을 입학시험의 모범 답안을 프린터가 인쇄해 준다. 따라서 우리는 그 모범 답안을 암기하고 나가기만 하면 될 것이다.

또한 돈 벌기도 아주 간단하다. 어느 날 신문을 보니 A라는 회사의 주가가 1,000원이었다고 하자. 그러면 아주 오래된 신문을 꺼내서 A라는 회사의 주가가 200원이었던 과거의 어느 날짜의 자기에게 이 사실을 알려 주는 것이다. 통신을 받은 과거의 자기는 A회사의 주를 200원으로 구입할 수가 있다. 그 주는 확실히 1,000원에 팔리고 있었으므로 그때 주식을 파는 것이다. 왜냐하면 그 주식이 1,000원으로 된다는 것은 희망이 아니고 확실한 것이기 때문이다.

또한 모든 재난, 피해, 사고와 같은 것으로부터도 피할 수 있을 것이다. 그리고 많은 사람의 인명도 구조할 수가 있을 것이

이렇게 될 것을 미리 알 수만 있었더라면!

다. 이리하여 타키온을 발견해 낸 사람은 이것을 사용하여 과거에 정보를 보냄으로써 과거의 자기를 전능한 사람으로 만들 수가 있는 것이다.

그러나 이 이야기는 어딘가 이상하다. 예를 들어 대학 입학 시험의 문제이지만 만일 성적이 나빠서 그 때문에 불합격이 된 수험생이 입학시험지를 받기 전에 자기에게 모범 답안을 보내서 이로 인해 대학 입학시험에 합격을 했다면 도대체 불합격된 미래의 자기는 어떻게 될 것인가? 과거에 미래로부터 정보를 받은 자기는 합격했다는 것은 이미 신호를 보낸 자기에게는 과거로 되어 있는 불합격이라는 사실을 변경시키는 것이 된다. 이렇게 해서 미래로부터 신호를 받은 시점에서부터 그것을 보낸 자기와 그것을 받은 자기와는 별개의 미래를 걷고 있는 것이 아닐까?

또한 이러한 일도 일어날 수가 있다. 미래로부터 모범 답안을 받은 자기는 입학시험에 합격을 할 수가 있었다. 그러나 과거의 자기에게 모범 답안을 보낼 필요는 없어서 실제로 보내지를 않았다. 그러면 도대체 입학시험 전의 자기는 누구로부터 모범 답안지를 받게 된 것일까? 즉, 그것을 보낸 사람이 없어지고 마는 것이다. 과거에 통신을 보낸다는 것은 결과적으로는 미래를 변경시키고 만다는 뜻이 된다.

광속도를 초월하여 달리는 타키온이 발견된다면 정말로 이러한 과거에의 통신이 가능하게 될 것일까?

만일 가능하다면 물리학에서뿐만 아니라, 우리 사고방식 그 자체에 본질적인 영향을 주는 것이다. 그것은 인과율(因果律)이라는 법칙에 대한 근본적인 재검토가 필요하기 때문이다.

10. 깨어지는 인과율

원인은 결과에 선행한다

여기서 이번에는 타키온에 의한 통신과 인과율의 관계를 생각해 보기로 하자. 이 목적 때문에 먼젓번에 로켓을 경유하여 타키온을 과거로 보낸다는 일을 좀 더 자세히 관찰하기로 한다. 여기에 참고로 한 번 더 〈그림 9〉를 제시해 놓는다(그림 10).

우선 지구에 있는 사람 A는 시각 t_0에 있어서 지구로부터 속도 u로 멀어져 가는 로켓을 향해 속도 v로 타키온을 발신했다. 이 타키온은 로켓을 따라 시간적으로는 미래를 향하여 진행해 갔다. 로켓에 타고 있는 사람 B는 지구로부터 보내온 타키온을 수신하자마자 곧 이번에는 타키온을 지구를 향하여 발신했다. 지구 위에 있는 사람 A는 B가 발신한 타키온을 시각 t에 수신했다. 이것이 사건의 순서이다.

그러나 여기에서 시각 t가 t_0보다 시간적으로 과거였다는 것이 문제가 되는 것이다. 만일 그렇게 된다면 지구상의 사람 A에 대해서 실제로 일어난 일을 역사적으로 보자면 A는 우선 시각 t에 있어서 로켓으로부터 온 타키온을 수신한 것이다. 그 후 시간 t_0에 있어서 로켓을 향하여 타키온을 발신했다는 것으로 된다.

틀림없이 이대로였다고 한다면 시각 t_0일 때 A가 갖고 있던 정보를 타키온에 위탁하여 시각 t의 자기에게 전달할 수가 있을 것이다.

그러나 A는 왜 시각 t에 있어서 타키온 신호를 수신할 수가 있었던 것일까? 이것은 명백한 일로서 로켓에 타고 있던 사람 B가 타키온 신호를 보냈기 때문이다. 그렇다면 B는 왜 타키온 신호를 보낸 것일까? 이것도 명백히 B는 A로부터의 타키온 신

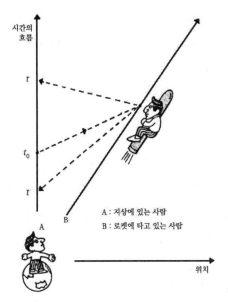

시간의
흐름

t

t_0

t

A : 지상에 있는 사람
B : 로켓에 타고 있는 사람

A

B

위치

〈그림 10〉 로켓과 지상 간의 타키온에 의한 통신

호를 수신했기 때문이다. 그리고 그것은 곧바로 지구에 있는 A
가 타키온 신호를 로켓에 있는 B에게 발신했기 때문이다.

그렇다면 A가 타키온 신호를 수신할 수 있었던 것은 A가 타
키온 신호를 발신했기 때문이다. 즉, 수신이라는 것은 발신이
있었기에 가능한 것이다.

하나의 사건을 취급할 때, 필히 그 사건을 일으키는 원인이
있어야만 결과가 있는 것과 같다. 과거에로의 통신이라는 예를
보자면 타키온 신호의 발신이라는 것이 타키온 신호의 수신이
라는 결과의 원인으로 되어 있다.

이러한 경우 발신과 수신이라는 두 개의 사상(事象) 간에는
인과관계(因果關係)가 있다고 한다. 로켓을 경유해서 타키온 신

호의 발신, 수신이라는 하나의 연속적인 사건을 역사적으로 보자면 여기에는 우선 수신이라는 결과가 일어나고 그리고 그 후에 결과를 가져다주는 발신이라는 원인이 일어나고 있다. 이러한 일이 현실적으로 허용될 수 있는 것일까? 만일 그렇다면 이것은 인과율에 반대되는 일인 것이다.

그렇다면 인과율이란 어떠한 것일까?

이제 두개의 사상 사이에 인과관계가 있다고 하자. 즉, 2개의 사상이 일어나고 그중 하나에 원인이 있고 또 하나에 결과가 있었다고 하자. 이때 원인은 그 결과보다도 시간적으로 선행되어 있어야만 한다.

이것이 바로 인과율이다.

앞서 예시한 것으로 생각해 보면 이러한 인과율이 성립되어 있으면 원인으로서의 타키온 발신이 결과로서의 타키온 수신보다 시간적으로 선행되어 있어야 하는 것이다.

인과관계라는 것을 명백히 하기 위하여 비근한 예를 몇 가지만 들어 보자.

○ 공부를 안 했다	----------	원인
대학 입학시험에 실패했다	----------	결과
○ 여름에 바다에 갔다	----------	원인
피부가 탔다	----------	결과
○ 무엇인가 상한 것을 먹었다	----------	원인
배탈이 났다	----------	결과

이러한 일상사가 우리 신변에 수없이 일어날 것이다. 가만히

보면 여기엔 틀림없이 인과율이 성립되어 있다. 즉, 원인 측이 반드시 결과 측보다 시간적으로 먼저 일어나 있다는 사실이다. 공부를 안 했기 때문에 입학시험에 실패한 것이고, 여름에 바다에 갔기 때문에 피부가 탄 것이다. 그리고 순서상으로 거꾸로 되는 일은 없다. 입학시험에 실패했기 때문에 입학시험 공부를 하지 않는다는 것이 아니고, 피부가 탔기 때문에 바다에 간 것은 아닌 것이다.

그러나 우리의 일상적인 세계에 있어서 많은 경우에 하나의 결과에 대한 원인이 반드시 하나라고 할 수만은 없다. 예를 들어 대학 입학시험의 실패에 대해 생각해 보면 그 원인은 몇 가지의 경우가 있을 수 있는데, 그것은 공부를 하지 않았든지 신체에 나쁜 조건이 있었든지 또는 희망을 걸고 기대했던 예상이 빗나갔든지, 시험장에 가는 도중 좋지 않은 일이 있어서 기분이 좋지 않았든지 등 어느 편의 원인이 작용했는지 우리는 알수가 없고, 또는 몇 개의 원인이 같이 발생했을 경우도 있었을는지 모른다. 그러나 결과 쪽이 원인보다 후에 일어날 것이라고 하는 점에 대하여는 의문의 여지가 없다.

그리고 또 한 가지 일상생활의 경험에서는 어느 편이 원인인지 또는 어느 편이 결과인지 분간할 수 없는 경우도 있다. 예를 들어 슬픈(원인) 일이 있어서 운다(결과)는 사람만 있는 것은 아니다. 울기(원인) 때문에 슬프다(결과)고 주장하는 심리학자도 있다. 운다는 것과 슬프다는 것 사이에는 인과관계가 존재한다는 점은 인정하지만 그 어느 것이 원인이며 또한 어느 것이 결과인지를 과학적으로 판단하기에는 곤란할지도 모른다. 그러나 이 경우에 있어서도 원인 쪽이 결과보다도 시간적으로는 선행하고 있다는 것은 틀림없는 사실일 것이다.

인과율이 깨지면 학문의 근본이 흔들린다

우리 일상생활에 있어서 자기 자신에게 닥쳐오는 여러 가지 현상의 인과관계를 명백히 함으로써 우리는 여러 가지를 배우고 인간으로서 성장해 나간다.

또한 우리가 만든 학문이라는 것은 사물의 인과관계를 명백히 하고 이것을 체계화한 것이다. 그 많은 결과로부터 원인을 추측하고 이를 일반화해 나가는 방법을 취하고 있다. 의사는 환자에게 나타난 증상으로부터 그것을 일으키는 원인을 추측하여 치료를 한다. 그때 과거에 축적되어 있던 결과-원인이라는 대응이 지식으로서 의사의 머릿속에 들어 있지 않으면 안 된다. 만일 그 지식의 수준을 넘는 것 같은 증상인 경우에는 이번에는 그 원인을 알아내기 위한 연구를 하지 않으면 안 된다.

역사학은 역사적인 사건을 일으킨 원인을 고찰하고, 미래학은 결과와 원인의 인과관계 사이에 존재하는 메커니즘을 일반화하고 현재의 사항으로부터 미래를 예측하려고 시도한다.

이렇게 인과관계라는 것은 일상생활뿐만 아니라, 학문 학술의 세계, 즉 우리의 가장 고도화된 정신 활동의 바탕에 있어서도 중요한 것이다. 그리고 거기에서는 인과율이 엄연히 성립되어 있지 않으면 안 된다.

따라서 만일 인과율이 깨진다면 도대체 우리의 학문은 어떻게 되는 것일까? 특히 그러한 경우에 인과율을 가장 중요한 원리로 여기고 있는 물리학은 과연 어떻게 되는 것일까?

앞서 예시한 것과 같이 타키온이 존재한다면 그것을 사용하

만일에 인과율이 깨지면 결과만이 앞서 나온다!

여 과거와의 통신이라는 가능성이 나온다. 그리고 과거에 정보를 보낼 수 있는 한 인과율은 깨어지고 마는 것이다. 왜냐하면 결과 측이 원인보다 시각적으로 선행하기 때문이다.

　타키온을 현대물리학의 연구 대상으로 하기 위하여서는 이러한 타키온의 시간 역행이라는 것과 이것으로 야기되는 인과율이 깨어진다는 일을 어떻게 해서든지 회피하지 않으면 안 된다. 그렇지 않으면 타키온의 존재가 인과율을 깬다는 것을 안 단계에서 타키온은 현대물리학의 테두리를 넘는 것이 되기 때문이다. 상대성이론이 광속도를 초월하여 달리는 입자의 존재를 부정하는 것은 바로 이 때문이라고 할 수도 있을 것이다.

11. 마이너스의 에너지

타키온의 특이성

다시 한번 로켓에 관한 이야기로 돌아가 보자. 지구로부터 u의 속도(물론 u는 광속도 c보다 작다)로 멀어져 가는 로켓을 향하여 속도 v(물론 v는 광속도 c보다 크다)의 타키온을 지구에서 보냈다고 하자. 이때 지구에 있는 사람이 보면 로켓으로 향하여 달리고 있는 타키온의 속도가 광속도보다 크다 하더라도 그 이동에는 시간이 경과하고 있을 것이다. 즉, 타키온은 미래를 향하여 달리고 있는 것이다. 그러나

$$u \times v > c^2$$

의 조건이 만족되었을 때 로켓 안에 있는 사람이 보면 그 같은 타키온이 과거를 향해 달리고 있는 것처럼 보일 것이다.

이렇게 타키온의 운동은 이것을 관측하는 사람의 운동 상태에 따라서 미래를 향하여 달리고 있거나 또는 과거를 향해 달리고 있는 것처럼 보이게 된다.

그렇다면 타키온의 에너지는 이것을 관측하는 사람의 운동 상태에 따라서 어떻게 변화하는 것일까?(〈부록 1〉 참조)

로켓의 예를 들어 생각해 보자.

로켓의 속도 u와 타키온의 속도 v와의 사이에는

$$u \times v = c^2$$

라는 관계가 성립한다고 하자. 이때 지구 위에 서 있는 사람으로부터 본 경우에는 타키온이 어떠한 에너지를 가지고 있다 하더라도 로켓 안에 있는 사람으로부터 보면 그 타키온의 에너지는 언제나 0의 값으로 관측이 된다. 게다가

$$u \times v > c^2$$

라는 조건일 때는 로켓 안에 있는 사람으로부터 보자면 타키온
의 에너지는 마이너스로 되고 만다.

$$u \times v > c^2$$

라는 조건이야말로 먼저 우리가 살펴본 바와 같이 로켓 안에
있는 사람으로부터 본 경우, 타키온이 과거를 향하여 달리고
있는 것처럼 보이는 것이다. 즉, 시간에 역행하여 달리고 있는
타키온이 갖는 에너지는 언제나 반드시 마이너스로 되어 있다
는 것이다.

이렇게 만일 어떤 운동 상태의 관측자로부터 보았을 때 과거
를 향해 달리고 있는 것처럼 보이는 타키온은 항상 마이너스의
에너지를 가지고 있다고 하면, 우리는 그러한 입자를 자연계에
존재하고 있는 현실적인 입자로 인정할 수는 없는 것이다. 왜
냐하면 입자의 에너지라는 것은 앞서 설명한 대로 일을 할 수
있는 능력이 있다는 것이며 이로 인해 실수의 경우에만 그 뜻
을 갖기 때문이다.

시간에 역행하는 타키온의 존재는 현재 우리 물리학의 기반
의 하나인 인과율을 깨뜨리는 것이었다. 그리고 이제 그것에
부가하여 이러한 입자는 마이너스의 에너지를 갖기 때문에 우
리의 물리학에 있어서 관측 가능한 연구 대상으로는 되지 못하
게 된 것이다.

이상 기술한 일들이 일어나기 때문에 광속도보다 빨리 달리
는 입자의 존재를 상대성이론에서는 금지했던 것이었다.

오늘날까지 마이너스의 에너지를 가진 상태에 대해서 생각해
보았던 사람들은 있었다. 그러나 그 경우 마이너스의 에너지를
가진 물질이라든가 또는 입자와 같은 것은 플러스의 에너지만

을 갖고 있는 우리 세계의 입자와 물질과는 서로 상반되는 일
이었던 것이다.

타키온의 경우 가장 곤란한 점은 그것을 관측하는 사람들의
운동 상태에 따라 그 에너지가 플러스나 마이너스로도 될 수
있다는 점이다. 같은 하나의 타키온이 관측자에 의하여 에너지
의 크기뿐만 아니라, 그 부호(符號)까지도 변경시킬 수 있다면
타키온의 존재 그 자체도 관측자에 따라서 달라진다는 것이 된
다. 그 이유는 마이너스의 에너지를 우리는 관측할 수 없으므
로 타키온은 그 사람에게는 존재하지 않는 것처럼 보이기 때문
이다. 즉, 어떤 관측자는 타키온을 관측했다고 하고, 또한 다른
관측자는 그 타키온을 관측하지 못했다고 하는 모순도 일어나
는 것이다.

타키온으로부터 무한의 에너지를 꺼낸다

여기서 마이너스의 에너지를 가진 타키온이 가령 존재한다고
하면, 우리들은 어느 날 갑자기 직면하게 될 에너지난은 이것
으로 해결될 수 있다고 보겠다. 앞서 9장에서 타키온을 발견한
사람은 자기의 과거에 정보를 보냄으로써 과거의 자기를 전능
한 사람으로 만들 수 있다는 이야기를 했다. 이번에는 그 전능
한 사람은 무한한 에너지를 자기 것으로 할 수 있다는 이야기
가 되는 것이다.

이제 에너지 E_0의 물체 양면으로부터 〈그림 11〉과 같이 에
너지가 0인 타키온을 동시에 주입시켰다고 하자. 그리고 -E의
2개의 타키온이 그 물체로부터 동시에 반사되어 나왔다 하자.
에너지 보존법칙이 이 경우에도 성립된다면, 물체는 0 에너지

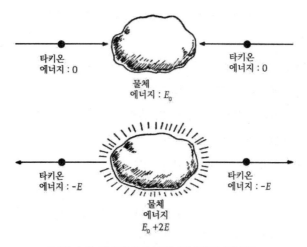

〈그림 11〉 타키온으로부터 에너지를 꺼낸다

타키온의 동시 흡수, 마이너스 에너지 타키온의 동시 방사에 의하여 2E만큼의 에너지가 증가되어야만 한다. 즉, 물체의 에너지는 E_0+2E로 된다. 여기서 E는 어떠한 값을 택해도 된다. 무한대로도 가능하므로 물체가 갖는 에너지는 무한으로도 될 수가 있다.

이렇게 하여 서로 반대 방향으로 향하는 0 에너지 타키온 2개를 동시에 물체에 흡수시킬 수만 있다면 물체가 마이너스 에너지 타키온을 방출하는 한, 우리는 그 물체로부터 거의 무한대의 에너지를 꺼내어 쓸 수가 있는 것이다. 0 에너지의 타키온을 어떤 물체에 흡수시키기 위해서 우리는 에너지를 따로 필요로 하지는 않는다. 왜냐하면 타키온의 에너지는 0이기 때문이다. 이리하여 무한대의 에너지를 얻는 데 자기 스스로는 아무런 에너지도 소비할 필요가 없다는 불가사의한 현실이 일어날 수가 있게 된다.

만일 타키온이 갖는 마이너스 에너지를 조절할 수 있다면, 예를 들어 물주전자에 물을 넣고 양측에 있는 타키온 발생기의 스위치를 켜서 0 에너지 타키온을 동시에 그곳에 쬐어 준다면 물은 순간적으로 끓게 될 것이다. 끓는 물뿐만 아니라, 전기도 발전시킬 수가 있을 것이다. 또한 이것을 사용하여 자동차, 전차, 기차, 비행기 등을 움직이게 할 수가 있다. 게다가 에너지를 얻는 데 필요한 연료는 현실적으로 아무것도 필요하지 않으므로 배기가스도 공해도 없다. 그야말로 깨끗한 타키온 에너지인 것이다.

12. 무한대 속도의 타키온

에너지가 0이라도 운동량을 갖는다

이번에는 0 에너지 타키온의 속도에 관해서 생각해 보자. 가령 어떤 에너지를 가진 타키온이 생겨났다 하더라도 그 타키온의 에너지 값을 0으로 보는 관측자가 반드시 존재한다. 이 관측자는 이미 설명한 것과 같이 타키온의 속도가 v일 때,

$$u \times v = c^2$$

의 조건을 만족시키는 속도 u로 운동하고 있는 사람을 말한다.

또한 어떠한 값의 에너지를 갖고 태어난 타키온이라 할지언정 달리고 있는 동안에 어떤 물질과의 상호작용에 의하여 최초에 갖고 있던 에너지를 언젠가는 모두 다 상실하고 만다. 그렇게 되면 타키온이 가지고 있는 에너지는 0이 된다. 물론 처음부터 0 에너지로 태어난 타키온도 있을 것이다.

0 에너지의 타키온을 생성케 하는 데는 에너지가 필요 없으므로 보통 물질로부터 0 에너지 타키온은 적어도 에너지 면으로는 하등 문제 없이 탄생할지도 모른다. 즉, 보통 물질은 자발적으로 0 에너지 타키온을 방출할 수 있다는 것이다.

0 에너지 타키온이란 도대체 어떤 타키온인가?

타키온의 에너지가 0으로 된다면, 그 타키온의 속도는 무한대로 된다. 이것은 현재까지 여러 번 설명했고 앞서 기술한 타키온의 속도와 에너지의 관계를 표시한 〈그림 8〉을 보아도 명백할 것이다.

그러나 아주 불가사의한 것은 타키온의 에너지가 0으로 되더라도 그 운동량은 0이 되지 않는다는 점이다.

운동량이라는 것은 입자의 운동이 어떻게 일을 할 수 있는가 하는 양이다. 운동의 모습이란 속도가 일정하면 질량이 클수록

커지고 또한 질량이 일정하다면 속도가 클수록 커진다. 이것은 우리 신변에서도 자주 경험하는 것이다. 예를 들어 시속 100km라는 속도를 생각해 볼 때 자동차와 열차 사이에는 그 운동에 의한 일을 할 수 있는 양에는 굉장한 차이가 있다. 양자 간에 있어서 충돌 시에 사고의 크기를 비교해 보면 확실히 알 수 있을 것이다.

자동차와 열차는 서로가 질량이 너무나 엄청나게 다르기 때문이다. 또한 야구공의 경우에도 우리가 던진 공과 야구선수가 던진 공은 이것을 받는 사람의 손바닥에 느껴지는 아픔이라는 것은 아주 크게 차이가 있을 것이다. 그것은 질량이 같아도 속도가 다르기 때문이다.

따라서 이 운동의 차도(差度)는 질량×속도(m×v)로 표시하면 명확해진다. 이것이 운동량(運動量)이라고 부르는 것이다.

이 운동량은 에너지와 마찬가지로 입자 상호 간의 반응에 의해서 보존되는 양이다. 반응의 전후에 있어서 그 합계는 변하지 않는다. 예를 들어 질량 1kg의 공이 매초 1km의 속도로 달리고 있을 때 질량이 10kg인 정지해 있는 공에 충돌하여 자신은 정지되었다고 하자. 그렇다면 이 충돌에 의하여 10kg의 공은 매초 0.1kg의 속도로 달리기 시작한다. 이것이 바로 운동량 보존법칙인 것이다. 즉, 운동 전의 운동량은

$$1(kg) \times 1(km/sec) = 1\,kg \cdot km/sec$$

이고 충돌 후의 운동량은

$$10(kg) \times 0.1(km/sec) = 1\,kg \cdot km/sec$$

로 되어 양자가 똑같이 되는 것이다.

그런데 타키온의 경우 가령 그 에너지가 0이라 할지언정 운

동량은 0이 아닌 어떤 값을 취한다 하자(부록 2 참조). 이 때문에 0 에너지 타키온의 보통 물질에 의한 흡수와 산란은 운동량 보존 때문에 제약을 받게 된다.

11장에 있어서 마이너스 에너지의 타키온을 방출시킴으로써 물체로부터 에너지를 무한정으로 꺼낼 수 있는 것에 대한 가능성에 관하여 설명하였다. 이때 0 에너지 타키온을 물체의 양측으로부터 동시에 흡수시켜야 했다. 독자 가운데는 이러한 점에 의문을 가진 사람도 있었을 것이다. 왜냐하면 0 에너지 타키온을 물체의 한쪽으로부터 흡수시키고 이것이 마이너스의 타키온으로 되어 나오기만 하면 그 물체의 에너지가 축적이 가능했을 것이기 때문이다.

그러나 그러지는 않는다. 0 에너지의 타키온은 에너지 그 자체는 확실히 0이기는 하지만 그 운동량은 0이 되지 않기 때문이다. 그래서 단 하나의 0 에너지 타키온을 물체에 흡수시킨다면 타키온을 흡수한 물체는 타키온이 가지고 있었던 것과 같은 운동량으로 움직이게 된다. 그러나 물체가 움직이면 운동에너지를 갖는다. 그러나 타키온은 0 에너지이기 때문에 그 물체에 에너지를 조금도 줄 수가 없다. 에너지를 얻지 못한 물체는 움직일 수가 없다. 즉, 운동량 보존의 입장에서 보면 물체는 움직이지 않을 수가 없고, 에너지 보존의 입장에서 보면 물체는 움직일 수가 없다는 모순에 부닥치게 된다.

이러한 일은 물체는 단 한 개의 0 에너지 타키온이라도 흡수할 수 없다는 의미가 된다. 이상과 같은 사실 때문에 0 에너지 타키온을 흡수해도 물체가 움직이지 않기 위해서는 그 물체의 양측으로부터 동시에 0 에너지 타키온을 흡수시켜야 할 필요가 있다. 이렇게 하면 타키온이 운반해 온 운동량은 두 개의 타키온의 운동 방향이 정반대, 즉 플러스마이너스가 되므로 서로 상쇄하기 때문이다.

우주의 끝까지도 순식간에 교신 가능

0 에너지 타키온의 속도 이야기로 되돌아가자. 0 에너지 타키온은 앞서 설명한 것과 같이 무한대의 속도인 것이다. 무한대의 속도를 가진 입자로서는 공간의 어떤 점으로부터 다른 점까지 옮아가는 데는 시간이 걸리지 않는다. 그리고 두 점 간의 거리는 아무리 멀어도 상관없다. 우주의 끝으로부터 끝까지 그리고 무한대라도 되는 것이다.

이러한 타키온에 신호를 위탁한다면 서로 떨어져 있는 어떤 한 별에 사는 지적 생물이라 할지라도 순식간에 정보의 교환이 가능할 것이다.

예를 들어 토성에 지적 생물이 있다 할 때, 전파로 그들에게 신호를 보내려면 1시간 20분이나 걸린다. 만약 은하계의 끝에서부터 끝까지의 경우라면 교신 기간은 10만 년이 된다. 따라서 은하계 밖에 있는 생물과의 교신 같은 일은 현실 문제로서는 도저히 다룰 수가 없는 것이다.

그러나 0 에너지 타키온을 사용하면 교신 시간은 거리에 관계없이 순식간에 이루어진다. 그 때문에 우리가 교신 가능한 영역은 우주 공간 전체로 확대되는 것이다.

타키온 수신기

여기서 0 에너지 타키온의 수신기에 관하여 간단히 설명해 보자. 이유는 독자 가운데서 0 에너지 타키온을 어떻게 잡는가 하고 이상하게 생각할 사람이 있을지도 모르기 때문이다. 우리가 보통 어떤 입자를 포착하는 데는 포착하여야 할 입자와 그것을 잡는 장치 사이에 어떤 상호작용이 있다는 것을 이용하고 있다. 이를테면 그 입자가 다른 물질과 상호작용을 한다는 것은 입자가 갖는 에너지와 운동량을 서로 주고받는다는 뜻이다. 그런데 0 에너지 타키온은 에너지를 가지고 있지 않고 변하여야 할 운동량의 상태도 없다. 이 때문에 0 에너지 타키온을 붙잡는 것은 아주 힘든 문제로 되고 만다. 그래서 0 에너지 타키온을 포착할 때는 이 타키온에 에너지를 부여하여 속도를 줄여 주어야 할 필요가 생긴다. 즉 0 에너지 타키온의 수신기에는 타키온 감속기(減速器)가 장치되어 있지 않으면 안 된다는 뜻이 된다.

타키온은 우주 공간 그 자체인 것일까?

0 에너지 타키온에 관해서 한 가지 흥미 있는 일이 있다. 그것은 0 에너지 타키온의 속도가 무한대이기 때문에 이러한 타키온의 위치의 불확정함이 우주 전체로 퍼지지 않느냐 하는 생각인 것이다. 이제 어떤 순간을 가정해 보면 무한대 속도를 가지고 있는 한 타키온은 여기에 있음과 동시에 저기에도 있고, 우주의 끝에도 있다는 이야기가 된다. 즉, 0 에너지 타키온이 단 하나만 존재하고 있는 경우에도 타키온은 우주 공간 도처에 있는 것이다. 다시 말해서 그러한 타키온의 위치의 불확정성은 우주 전체로 확산되어 있다는 말이다. 또는 그 타키온의 존재 확률은 우주 전체로 확산되어 있다고도 할 수 있는 셈이다.

0 에너지 타키온의 존재 확률이 우주 전체에 확산되어 있다는 것은 아주 중요한 일이다. 이것은 그 타키온의 크기가 우주 전체의 공간이라는 뜻과 마찬가지일지도 모르기 때문이다. 이 때문에 그렇게 무한대로 퍼져 있는 타키온은 우리가 알다시피 유한의 크기를 갖고 시간과 더불어 그 위치를 변경하는 입자와는 아주 다른 존재로 되고 만다.

그러한 크기가 우주 전체를 점하는 타키온은 다시 말해서 우주 공간 그 자체인 것이다.

그 옛날 에테르(ether)라는 물질이 우주 공간을 채우고 있다고 생각한 적이 있었다. 그리고 태양으로부터 방사된 빛은 이 에테르라는 매질 속에서 전달되어 지구까지 도달한다고 생각했던 것이다. 그것은 마치 소리가 공기라는 매질 속을 전파해 오는 것과 같이 말이다.

0 에너지 타키온도 이제는 입자라기보다도 에테르에 가까운 존재라고 생각할 수 있는 것이 아닐까? 이 문제에 관해서는 다시 거론해 보기로 한다.

13. 타키온과 우주

타키온은 우주를 무한대로 만든다

타키온의 속도가 무한대로 될 수 있다는 것은 우주를 생각하는 입장에서도 아주 중요한 일이다.

일반적으로 우리가 알 수 있는 세계의 크기라는 것은 정보를 전달하는 데 따르는 속도와 경과한 시간으로 규정된다. 예를 들어 1초라는 시간 내에 알 수 있는 세계의 크기를 생각해 보면, 만일에 정보의 전달이 소리로써 행해진다면 그것은 우리를 둘러싸고 있는 반경 360m의 공간이 된다고 할 수 있다. 이것은 360m 떨어져 있는 곳으로부터 발신된 정보가 우리에게 도달하기까지 꼭 1초가 걸리기 때문이다. 360m 이내에서 일어나는 현상은 모두가 소리라는 수단으로써 1초 내에 전부 우리에게 전달이 되기 때문에 우리는 그 사실을 알 수가 있다. 그러나 400m 떨어진 곳으로부터 오는 정보는 1초 이내로는 도달이 안 되기 때문에 거기서 어떤 일이 일어나고 있는지를 1초라는 시간 조건에서 우리는 알 수가 없다.

만일 정보의 전달 수단이 빛이라고 하면 어떻게 될까? 빛은 1초 동안 30만㎞를 달리므로 우리가 1초 동안 알 수 있는 세계의 크기는 소리의 경우에 비해서 엄청나게 큰 것으로 된다. 즉 우리 주위 30만㎞의 공간이 바로 그것이다. 이 범위의 세계에서 1초 이내에 일어나는 일에 대해서는 그 중심에 있는 우리의 관측이 가능하다. 그러나 30만㎞보다 더 떨어져 있는 곳에서 일어난 현상은 우리의 관측 범위 안에 들어오지 않는다. 그러한 의미에서 1초라는 시간을 한정하자면 우리의 세계는 반경 30만㎞의 공간이라는 것이 된다. 그것보다 떨어져 있는 곳은 우리가 알 수 있는 세계가 못 된다.

우리의 우주가 최초에 빅뱅(Big bang)이라고 불리는 대폭발에 의해서 한 점으로부터 탄생되었다고 하면 150억 년이라는 우주의 연령은 현재 우리 정보의 지평선이 150억 년 저 건너편에 있다는 것이 될 것이다. 이 범위 내에서 일어난 여러 가지 현상에 대해서는 과거에 그 정보가 전달이 되었든가 아니면 그 현상의 흔적이 현재의 우주에 어떠한 형태로든지 남아 있어야만 할 것이다. 그런 의미에서 우리가 알 수 있는 우주의 넓이라는 것은 150억 광년이라고 하여도 괜찮지 않을까?

만일 150억 광년이나 떨어져 있는 곳에 다른 우주가 있다 하더라도 그곳에서 나온 어떤 정보는 현재까지 우리에게 도달되어 있지 않을 것이다. 따라서 이러한 곳에 있는 우주는 우리에게는 존재하고 있지 않다는 것과 마찬가지이다. 정보의 지평선은 1초에 대해서 30만㎞의 속도로 우리에게서 멀어져 가고 있다. 즉 우리가 알 수 있는 우주는 빛의 속도로 팽창해 가고 있다는 뜻이다. 가령 미지의 우주가 150억 광년보다 더 멀리 있다면 그 우주의 일도 언젠가는 우리의 정보 범위 내에 들어올 날이 있을 것이다.

그러나 만일에 무한대의 속도를 가진 타키온이 존재하고 또 그곳에 정보를 투입시킬 수 있다면 우리가 알 수 있는 공간의 크기는 무한대가 된다. 우주의 역사에서 우리가 타키온을 발견한 순간부터 또는 타키온이 우주 생성의 과정에서 출현한 그 순간부터 우리 정보의 지평선은 무한대의 거리가 되는 것이다. 그 이전에 가령 우리의 우주와는 전혀 다른, 예를 들어 반물질(反物質)로 된 반우주(反宇宙)라는 것이 존재한다고 하고 그것이 우주가 탄생한 이래로 우리의 물질 우주 전체로부터 광속도로 멀어져 가고 있다고 할 경우, 오늘의 우리는 반우주의 존재를 전혀 알 수 없다. 그러나 무한대 속도의 타키온이 있기만 하면 그 반우주의 존재도 알 수 있을 뿐만 아니라 거기에 사는 지적인 반생물과의 교신도 가능하게 될 수 있지 않겠는가?

블랙홀(Black Hole)로부터의 탈출도 가능?

우주에는 블랙홀(Black Hole)이라는 천체가 존재한다고 한다. 블랙홀이란 태양보다 훨씬 무거운 별의 최후의 모습인 것이다. 이렇게 무거운 별은 자기의 수명이 종말에 가까워지면 자기 자신이 만들어 내는 중력에 의해서 수축되고 압축되어 간다. 그리고 그 크기가 지름 19㎞라는 중성자별(中性子星)로 되고 만다. 이 때문에 중성자별의 밀도는 수십만 톤이라는 상상도 할 수 없는 수치를 가진다. 여기서는 물질을 구성하고 있던 원자와 분자는 모두 다 부서지고 원자핵 주위를 돌고 있던 전자는 그 원자핵 속으로 눌려 들어가고 만다. 그리고 원자핵 속의 양성자는 그대로의 상태로는 있을 수가 없고 밀려 들어온 전자와 함께 중성자가 되는 것이다. 따라서 이 중성자별이란 보통 원자핵이라고 불리는 것이 직접 우리 눈으로 볼 수 있을 만큼의 크기로 된 것이라고 할 수 있겠다.

이 중성자별이 다시 자기 자신이 만들어 낸 중력에 의해서 더욱 압축되어 간다고 하면 드디어 블랙홀이 된다고 말한다.

블랙홀이란 도대체 무엇일까? 그것은 그것으로부터 어떠한 빛도 어떠한 입자도 나올 수가 없는 마치 우주에 생긴 구멍과 같은 것이다. 여기에 가까이 가면 블랙홀로부터 강력한 인력을 받아 그 속으로 떨어져 들어간다. 우리 인간도 그 근처에 가면 완전히 부서져서 양성자, 중성자, 전자라는 소립자가 되어 거기에 빨려 들어갈 것이다.

블랙홀로부터는 어느 것도 나오는 것이 없을까?

이제 지구로부터 우주를 향해 로켓을 발사시켰다 하자. 이 로켓은 우선 지구의 중력권을 탈출하기 위해 그것에 필요로 하는 속도로 날아가지 않으면 안 된다. 만일 속도가 충분치 않으면 로켓은 지구로 되돌아오지 않을 수 없거나 지구 주위를 도는 인공위성이 되고 말며 우주 공간으로 향할 수는 없다.

계산에 의하면 초속 12㎞로 로켓을 발사하면 지구의 중력권을 탈출할 수가 있고 지구로 되돌아오지 않아도 된다. 그러나 이것은 지구의 경우일 뿐이다. 지구보다 더 무거운 천체의 경우에는 그 중력은 보다 클 것이므로 그 천체의 중력권을 탈출해 나가기 위해서는 보다 더 큰 속도를 필요로 한다. 예를 들어 태양의 경우에는 탈출속도는 초속 600㎞이고 이것은 광속도의 0.2%에 해당한다.

천체가 보다 더 무거워지고 그 중력이 커진다면 그 탈출속도는 언젠가는 광속도에 가까운 것이 되고 말 것이다. 그렇다면 보다 더 큰 중력의 경우에는 어떻게 될까? 이 경우에는 광속도로도 그 천체로부터 탈출할 수 없는 것이다. 블랙홀이란 바로 이러한 경우에 해당되는 천체인 것이다. 블랙홀로부터 나오려는 빛은 그 자체의 중력으로 인해 탈출할 수가 없다. 이리하여 빛이라 하여도 그 탈출이 불가능한 것이다. 하물며 보통의 입자들은 그 속도가 광속도보다 작으므로 물론 블랙홀로부터의 탈출이 불가능하다.

이렇게 하여 블랙홀로부터는 아무것도 나올 수가 없다. 따라서 블랙홀 속의 세계를 우리는 알 수가 없는 것이다.

그렇지만 무한대 속도의 타키온의 경우는 어떻게 될까? 블랙홀로부터 빛이 탈출할 수가 없다 해도 타키온이라면 탈출할 수 있을지도 모른다. 이것은 무한대 속도의 타키온은 그 에너지가 0이기 때문이다. 에너지가 0이면 환산질량(換算質量)도 0이다. 질량이 0인 것에 대해서는 제아무리 강한 중력이라 하더라도 아무 의미를 갖지 못하기 때문이다. 따라서 무한대 속도의 타키온은 블랙홀로부터 뛰어나와 블랙홀 속의 정보를 우리에게 가져다주는 유일한 입자가 될 수도 있다.

블랙홀은 아마도 정말로 블랙(Black)이 아니고 타키온이라는 입자를 방출하면서 빛을 내고 있는 천체일는지도 모른다.

14. 인과율은 지켜진다

인과율을 지키기 위한 원리

광속도 이상의 속도로 달리는 타키온이 존재한다면 그러한 입자를 사용하여 우리는 자기의 과거에 정보를 보낼 수 있다는 이야기를 했다. 이러한 아주 놀랄 만한 가능성에 대한 대가로서 우리의 학문에 있어서의 가장 기본적인 원리, 즉 인과율이 거론되었다.

인과율이란 어떤 현상의 원인은 그 결과보다도 시간적으로 선행한다는 법칙이다. 이 인과율이 성립되기 때문에 오늘날의 물리법칙도 의미를 갖고 있다고 할 수 있다. 물리학뿐만 아니라, 모든 학문은 사상(事象)의 인과관계를 명백히 함으로써 그 기초 위에서 지배적인 법칙이나 또는 구조 같은 것을 탐구할 수 있는 것이다.

그러므로 인과율이 깨지면 우리가 쌓아 올린 학문의 논리성이라는 것이 없어질 염려가 있다.

물리학의 역사를 풀어 보면 어떤 법칙의 타당성을 확인한다는 것보다도 오히려 그 법칙의 파탄을 발견함으로써 비약적인 발전을 가져왔다고 할 수가 있을 것이다. 따라서 현재 엄연히 존재하고 있는 에너지 보존의 법칙이라는 대법칙도 장래에는 그 파탄이 발견될 수 있을지도 모르겠고, 그것으로부터 새로운 물리학이 탄생될지도 모를 일이다.

그러나 이제 여기서 물리학의 법칙 중 대법칙인 인과율을 파탄에 빠지게 하면서까지 계속하여 타키온의 존재를 생각할 이유가 있는 것일까? 가령 타키온이 존재한다고 하더라도 그것은 인과율을 깨는 것이 아니라는 입장에 서는 편이 타키온을 물리학상의 현실의 입자로서 생각하기 쉽지 않느냐는 말이다.

같은 이야기를 타키온이 갖는 마이너스의 에너지에 관해서도 말할 수가 있다. 마이너스의 에너지를 갖는 입자의 존재를 인정하는 것은 현재의 물리학으로서는 불가능에 가깝다. 여기서 가장 중요한 것은 지금까지 보아 온 것과 같이 타키온이 시간적으로 역행해서 달리고 있는 바로 그때 타키온의 에너지가 마이너스로 되어 있다는 사실이다.

그래서 먼저 설명한 상대성이론에 있어서의 광속도 일정이라는 기본원리에 부가하여 또 하나의 기본적인 원리를 도입하기로 하자. 그것은 다음과 같다.

「시간이 진행하는 방향으로 달리는 마이너스 에너지의 물체, 또는 입자와 같은 것은 존재하지 않는다」

이 가정은 모든 신호가 플러스 에너지를 가진 입자에 의해서만 전달이 가능하다는 것을 의미한다. 따라서 이 가정을 설정함으로써 제아무리 광속도를 넘는 타키온이 존재한다고 하더라도 우리가 그 타키온을 사용하여 자기의 과거에 신호를 보낼 수는 없는 것이다.

마이너스 에너지 입자의 재검토

이 문제의 사정을 명백히 하기 위해 마이너스의 에너지를 가진 입자를 한 번 더 여기서 상세히 조사해 보자.

이제 〈그림 12〉와 같이 점 A에서부터 시각 t_0로 마이너스 에너지를 가지며, 마이너스의 전기를 지닌 입자가 점 B로 향한다고 하자.

마이너스의 에너지 입자는 시간에 역행하므로 이 입자가 B점에 도착했을 때의 시각 t_1은 t_0보다도 시간상으로는 과거가 된

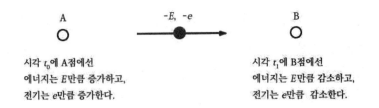

A

-E, -e

B

시각 t_0에 A점에선
에너지는 E만큼 증가하고,
전기는 e만큼 증가한다.

시각 t_1에 B점에선
에너지는 E만큼 감소하고,
전기는 e만큼 감소한다.

〈그림 12〉 마이너스 에너지의 입자

다. 즉, $t_0 < t_1$으로 되어 있다. 구체적으로 말하자면 오후 1시에 A점으로부터 발사된 마이너스 에너지의 입자는 B점에 12시 55분에 도착한 것으로 생각하면 된다.

이 입자의 이동현상을 우선 에너지의 입장에서 생각해 보자. 점 A에 있어서 입자를 발사시킨 물체는 입자를 발사한 순간 에너지가 +E만큼 증가했을 것이다. 이것은 입자가 -E를 가지고 떠났기 때문이다. 또한 점 B에 있는 물체는 입자를 받은 순간 그 에너지는 E만큼 감소되어 있지 않으면 안 된다. 이것은 -E를 가진 입자를 흡수했기 때문이다. 즉, 에너지의 입장에서 보면 시각 t_0(예를 들어 1시)에는 A점의 물체의 에너지는 E만큼 증가하고 시각 t_1(예를 들어 12시 55분)에는 B점에 있는 물체의 에너지는 E만큼 감소했다는 의미가 된다.

전기의 이동이라는 입장에서 이 경우를 생각해 보자.

이것도 간단하다. 시각 t_0(1시)에는 A점의 물체가 갖는 전기는 e만큼 증가했다. 그것은 A로부터 -e의 전기를 가진 입자가 발사되었기 때문이다. 그리고 시각 t_1(12시 55분)에는 B점에 있는 물체의 전기는 -e의 전기를 가진 입자를 흡수했기 때문에 e만큼 감소한 꼴이 되는 것이다.

이상 설명한 것이 마이너스 에너지를 갖고 동시에 마이너스 전기를 가진 입자가 A점에 있는 물체로부터 발사되어 과거로 향해 나가 B점에 있는 물체에 흡수되었을 때 A점 및 B점의 물체에 일어나는 에너지와 전기에 있어서의 변화인 것이다.

이 현상은 먼저 설명한 바대로 시간에 순행하여 달리는 마이너스 에너지의 입자는 존재하지 않는다는 가정과 조금도 모순됨이 없다. 왜냐하면 마이너스의 에너지를 가진 입자는 과거를 향하여, 즉 시간에 역행해서 달리고 있기 때문이다.

이 마이너스 에너지 입자의 이동현상을 한 번 더 시간의 흐름에 따라서 관찰해 보면 우선 시각 t_1에 있어서 B점의 물체는 전기를 e만큼 또한 에너지는 E만큼 감소시켰다. 그 후 시각 t_0에 있어서는 이번에는 A점의 물체가 전기를 e만큼 또한 에너지를 E만큼 증가시켰다는 꼴이 되는 것이다.

이렇게 볼 수 있다면 이것은 다음과 같은 현상과 완전히 같다는 것을 알 수 있다.

즉 시각 t_1에 있어서 B점의 물체는 플러스의 전기 e를 가지고 플러스 에너지 E를 가진 입자를 발사시켜 이 입자는 시간 흐름의 방향으로 따라 나가고 시각 t_0에 있어서 A점의 물체에 흡수된다고 할 수 있는 것이다.

이렇게 마이너스의 에너지를 가진 입자가 시간에 역행하여 A로부터 B로 진행한다는 현상은 플러스의 에너지를 가진 입자가 이제는 거꾸로 B로부터 A로 시간적으로 순행해서 진행한다는 현상과 구별할 수가 없을 것이다.

인과적으로 보면 마이너스 에너지의 입자가 A로부터 B로 향했을 때 우선 시각 t_1에서 입자의 흡수가 있고 그 후 시각 t_0에

106

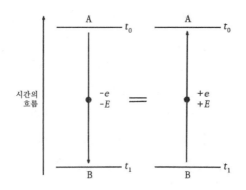

A : 시간 t_0에 전기 e, 에너지 E만큼 증가

B : 시간 t_1에 전기 e, 에너지 E만큼 증가

〈그림 13〉 시간에 역행하는 마이너스 에너지 입자와 시간에 순행하는 플러스 에너지 입자의 흐름 비교

서 입자의 발사가 있었다. 즉, 입자의 흡수라는 결과가 입자의 발사라는 원인으로부터 시간적으로 선행하고 말았으며 이 때문에 인과율을 깼다는 것이다. 그러나 이것을 두 번째의 현상과 같이 해석을 다시 해 보면 플러스의 에너지를 가진 입자가 우선 B점에 있어서 발사되고(원인) 이어서 A점에 있어서 **흡수되었다는**(결과) 것이 되어 인과율을 깼다는 현상이 되지 않는 것이다.

재해석 원리

일반적으로 어떤 입자에 있어서 그 입자의 전기의 부호가 반대이고 그 밖의 입자적인 성질이 완전히 같은 입자를 그 입자의 반입자(反粒子)라고 부르고 있다.

따라서 마이너스 에너지를 가진 타키온이 시간에 역행한다는 현상은 이미 본 것과 같이 플러스의 에너지를 갖는 반(反)타키온이 시간적으로 순행하는 현상으로 볼 수가 있을 것이다.

이렇게 마이너스의 에너지를 가진 타키온의 시간적 역행이라는 운동을 플러스의 에너지를 가진 반타키온의 시간 순행의 운동으로 해석을 다시 해 보면 재해석 원리라고 할 수가 있을 것이다. 이 원리를 적용해 보면 마이너스의 에너지를 가진 타키온이 우리들에게 가져다주는 인과율의 파탄을 회피할 수가 있으며 여기서 처음으로 현재의 물리학의 범위 안에서 타키온의 존재를 생각할 수 있게 된다.

여기서 반입자에 관해서 간단히 살펴보자. 잘 알려져 있는 반입자의 예로 전자의 반입자인 양전자(陽電子)를 들 수가 있다. 이 입자는 플러스의 전기를 지닌 입자이며 그 밖의 성질은 전자와 아주 흡사하다. 이처럼 모든 입자에는 반드시 그 반입자가 존재한다. 양성자의 반입자는 반양성자(反陽性子)이며 중성자의 반입자는 반중성자(反中性子)이다.

우리는 아직 만드는 데 성공은 못 했지만 반수소(反水素), 반헬륨 등의 반물질도 존재할 수 있을 것으로 본다. 이렇게 모든 입자와 물질에 반입자, 반물질이 존재할 수 있으므로 타키온에도 반타키온이 반드시 존재한다고 생각해도 좋을 것이다.

시간 역행의 재해석

마이너스의 에너지를 가진 타키온의 시간 역행이라는 운동을 플러스의 에너지를 가진 반타키온의 시간 순행의 운동으로 해석하는 재해석 원리에 의하면 로켓을 사용하여 과거에 신호를 보낸다는 이야기는 어떻게 밝혀지는 것일까?

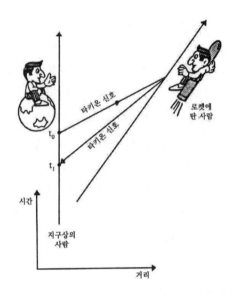

타키온 신호

로켓에
탄 사람

t_0

타키온 신호

t_1

시간

지구상의
사람

거리

〈그림 14〉 로켓과 지구 사이의 타키온에 의한 통신

그 경우의 그림을 다시 여기에 게재하기로 한다(그림 14).

우선 시각 t_0에 속도 u로 지구로부터 멀어져 가는 로켓을 향하여 타키온이 발사되었다고 하자. 이 타키온은 지상의 사람으로부터 보자면 시간에 순행하여 플러스의 에너지를 갖는다. 타키온은 언젠가는 로켓에 도착한다. 로켓 안에 있는 사람은 타키온을 수신함과 동시에 이것을 이번에는 지구를 향해 발사를 한다. 그리하여 지구 위의 사람은 로켓으로부터 날아온 타키온을 시간 t_1, 즉 시간 t_0보다 시간적으로 보아서는 과거에 받아들이는 것이다.

이제 여기서 타키온의 속도를 v라 하면

$$u \times v > c^2$$

위 조건이 만족되었을 때 속도 u로 달리고 있는 로켓 안에 있

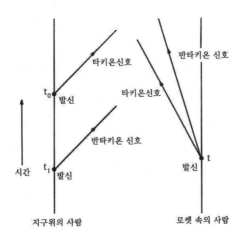

〈그림 15〉 타키온의 발사와 반타키온의 발사

는 사람이 보자면 시간 t_0에 지구로부터 발사된 타키온은 마이너스의 에너지를 갖고 과거를 향하여 달리는 것처럼 보이는 것이었다.

또 한편 로켓 안에 있는 사람이 타키온을 수신하여 곧 지구로 돌려보냈을 때, 이 타키온은 이번에는 지구에 있는 사람이 보자면 마이너스의 에너지를 가지고 과거로 향하고 있는 것처럼 보였던 것이다.

따라서 이 타키온의 주고받기에 관해서 재해석 원리를 적용하면 지구상의 사람은 시간 t_1에 있어서 반타키온을 발사하고 시간 t_0에 있어서 타키온을 발사했다는 것으로 된다. 또한 로켓 안에 있는 사람은 시간 t'에 있어서 타키온과 반타키온을 동시에 발사한 것으로 된다. 그림으로 보자면 다음 〈그림 15〉처럼 되는 것이다.

이들 타키온은 모두 이것을 발사한 사람으로서는 플러스의 에너지를 가지고 시간에 순행하여 진행한다. 따라서 완전히 정상적인 현상이며 여기에는 마이너스의 에너지도 시간에 역행한다는 것과 같은 SF적 현상도 일어나고 있지는 않다. 그러나 이 예로 보자면 지구에 있는 사람도, 로켓에 타고 있는 사람도, 타키온과 반타키온을 발사하고 있는데도 불구하고 그 타키온을 받아들일 사람이 없다. 그리고 지구상의 사람은 로켓을 향하여 타키온을 두 번 발사하고 로켓에 타고 있는 사람은 지구를 향하여 타키온을 두 번 동시에 발사했다는 것이 되는 것이다.

무한 에너지는 어떻게 꺼내는가?

다음에는 무한한 에너지는 어떻게 꺼내는가에 관한 이야기를 다시 한번 생각해 보자.

타키온에 의해 에너지를 어떤 물체에 저축하기 위해서는 0 에너지의 타키온은 그 물체의 양측으로부터 동시에 충돌시켜 이들 0 에너지의 타키온이 마이너스의 에너지를 갖고 그 물체로부터 나오면 된다고 했다.

이 경우에 있어서 재해석 원리를 적용시키면 마이너스의 에너지를 가진 타키온은 시간적으로 역행하므로 이 현상은 플러스의 에너지를 가진 반타키온 두 개가 동시에 그 물체에 흡수된 현상으로 해석된다. 그리고 각각으로부터 +E만큼 에너지를 받아들인 물체는 에너지 2E를 저축할 수가 있었다는 것이 된다. 이것은 당연한 일이 아닐까?

그러므로 이 일련의 현상은 다음과 같이 될 것이다. 우선 에너지가 0인 타키온의 한 쌍이 좌우로부터 동시에 그 물체와 충돌하고 그것에 흡수되었다. 그리고 그 후 에너지 +E를 가진 반

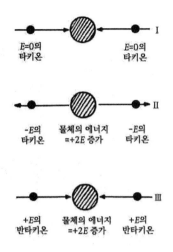

II≡III (재해석 원리)
〈그림 16〉 무한 에너지를 꺼내는 방법을 재해석 원리로 보면……

타키온 한 쌍이 좌우로부터 동시에 이 물체에 충돌하여 이곳에
흡수되었다. 이 때문에 물체는 에너지 2E를 얻을 수 있는 것이
라고 하면 우리들은 에너지 면으로는 아무런 득을 본 것이 없
다는 것이 된다.

재해석 원리에 의하여 인과율을 구제하기 위해서는 앞서 예
시한
「시간에 순행하는 마이너스 에너지의 입자는 존재하지 않는다」
라는 원리 및 입자와 물질에는 반입자, 반물질이 존재한다는
가정을 반드시 필요로 한다.
만일에 시간에 순행하는 마이너스의 타키온이 있다면 그야말
로 과거와의 통신의 가능성이 나오는 것이다. 이것은 물리적인

정보는 모두가 플러스 에너지 입자에 의해서 전달이 되므로 시간 쪽으로 순행하는 마이너스 에너지의 입자는 시간에 역행하는 플러스 에너지의 반입자로 볼 수 있고 이 때문에 우리는 그 반입자에 정보를 위탁하여 자기의 과거에 이것을 보낼 수 있기 때문이다.

따라서 앞서 설명한 기본적 원리는 과거에의 통신을 불가능하게 하는 것이다. 이 뜻으로 그 원리는 인과율을 지키기 위하여, 또는 인과율 그 자체라고 할 수가 있을 것이다.

재해석 원리가 뜻하는 것

여기까지 설명한 해석에 의하여 타키온은 가령 존재한다 하더라도 이는 인과율을 깨는 것이 아니라, 상대성의 테두리 안에서 취급할 수 있는 보통의 입자가 되고 만다.

그러나 이같이 재해석 원리를 도입하여 인과율을 구제한 대가로 타키온이라는 입자의 수는 이것을 보는 사람의 운동 상태에 따라서 달라진다는 이상한 현상이 일어나는 것이다.

예를 들어 〈그림 17〉의 A와 같이 정지해 있는 관측자 측에서 타키온1과 타키온2가 동시에 그 물체에 흡수되었다는 현상을 살펴보자.

이 현상을 운동하고 있는 관측자가 보는 경우로 생각하자. 이때 어떤 조건에서는 타키온2가 시간에 역행하는 마이너스 에너지의 상태로 보일 수도 있을 것이다. 따라서 이러한 경우에 재해석 원리를 적용하면 B와 같이 타키온2는 역행으로 운동하는 반타키온이 되고 만다.

다시 어떤 운동 상태의 사람이 A의 현상을 보았을 경우 1과

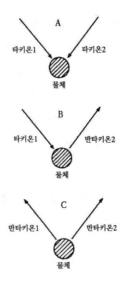

〈그림 17〉 타키온의 수는 관측자의 운동 상태에 따라 다르다

2의 타키온이 모두 시간적으로 역행하는 마이너스 에너지 타키온으로 보일 수도 있을 것이다. 이때는 재해석 원리에 의해서 A의 현상은 C와 같이 물체로부터 두 개의 반타키온이 방출된다는 현상으로 해석할 수가 있다.

이렇게 되면 A의 관측자는 2개의 타키온이 그 물체에 흡수되었다고 본다(최초에는 2개, 최후에는 0). 또 한편 B의 관측자는 처음에는 한 개의 타키온이 있고 그것이 물체와 충돌하여 반타키온으로 나왔다고 관측한다. 즉, 최초에 하나의 타키온이 존재했고 최후에는 반타키온이 한 개 존재하는 것으로 보인다(최초 1개, 최후 1개). C의 경우에는 어떻게 되는 것일까? C의 관측자는 어느 시간에 갑자기 그 물체가 반타키온 2개를 동시에 방출했다고 관측이 된다. 즉, 최초에는 0이었던 것이 반타키온 2개의 상태로 된다는 것이다(최초 0개, 최후 2개).

이같이 타키온과 반타키온의 수는 이것을 보는 사람의 운동 상태에 따라서 달라진다는 것이다. 다시 말해 타키온은 어떤 사람에게는 존재하는 것같이 보이기도 하고, 또한 다른 사람에게는 존재하지 않는 것같이도 보일 수가 있다는 것이다.

빛이 방출됨으로써 빛나 보이는 하늘은 정지해 있는 사람이나 달리고 있는 사람의 입장으로 보아도 모두에게 빛나는 하늘임에는 틀림없지만 만일에 타키온으로 빛나고 있는 하늘을 볼 때면 정지한 사람의 경우에는 빛나는 그 하늘이 달리고 있는 사람에게는 깜깜한 암흑의 하늘로 보일 수도 있을 것이다.

15. 타키온을 찾는다

찾기 위한 가정

타키온은 우리를 둘러싸고 있는 물질계를 구성하고 있는 입자는 아니다. 우리 주위의 물질은 양성자와 중성자로 이루어진 원자핵과 그 주위를 돌고 있는 전자로 되어 있다. 이 입자들은 모두 제Ⅰ종의 입자들이며 이미 보아 온 것과 같이 그 속도는 광속도를 넘을 수 없는 것이다.

제Ⅲ종의 입자인 타키온과 우리 세계를 구성하고 있는 입자들이 상호 간에 서로 침범할 수가 없다면 우리가 타키온을 찾는다 하더라도 그것은 자연계의 물질세계에서 찾아냈다고 볼 수는 없는 것이다. 이 때문에 타키온을 찾는 유일한 방법은 보통 입자 간의 충돌 반응에 의해서 창조되는 타키온을 찾는 일이 되겠다. 따라서 타키온이 보통의 제Ⅰ종과 제Ⅱ종의 입자 상호 간의 충돌에 의해서 탄생하지 않는다면 물론 우리는 타키온을 찾아낼 수 있다고는 볼 수 없게 된다. 그리고 찾을 수 없다면 그것은 타키온이 존재하지 않는다는 것이 된다.

현재까지 우리는 광속도를 넘어서 달린다는 점과 허수의 고유질량을 갖고 있다는 점을 제외하고는 타키온이 갖는 입자로서의 특징에 관해서는 언급하지 않았다. 그러나 타키온을 찾는다는 입장에 섰을 때는 타키온은 광속도를 넘어서 달린다는 것과 허수의 고유질량을 갖는다는 두 가지 점을 제외하고는 제Ⅰ종의 보통 입자와 마찬가지인 성질의 입자라고 생각지 않으면 안 된다. 구체적으로 말하자면 타키온은 우선 공간과 시간에 위축된 물질, 즉 양성자와 전자와 같은 입자와 거의 다를 바 없다고 생각하는 것이다. 물론 이렇게 생각한다는 것은 틀린

일일지도 모른다. 그러나 타키온의 입자로서의 특징은 거의 알려져 있지 않기 때문에 우선 이렇게 생각하는 점에서 출발해도 상관이 없지 않겠는가?

다음에 타키온에는 양성자와 전자같이 플러스, 마이너스의 전기를 띤 것이 있다든가 중성자와 같이 전기를 전혀 갖고 있지 않다든가 하는 등을 가정한다. 그리고 전기를 가진 타키온에 있어서는 그 전기의 크기는 양성자 및 전자의 전기량의 몇 배나 되며 또한 보통 하전입자(荷電粒子)와 마찬가지로 물질과 전기적 상호작용을 한다고 생각하기로 하자.

타키온을 만든다

이 만큼의 가정을 만들어 놓았으면 타키온이 존재하는 한 우리는 이것을 보통 입자에 의해서 반드시 만들 수가 있으며 또한 이것을 검출할 수 있다고 말할 수가 있는데, 우선 타키온을 만드는 방법으로서 가장 간단한 것은 빛에 의해서 플러스, 마이너스의 전기를 지닌 타키온 한 쌍을 만들어 낸다는 일일 것이다.

잘 알려져 있는 것과 같이 감마(γ)선은 빛의 일종이며 빛과 마찬가지로 에너지의 덩어리이다. 감마선의 파장은 빛의 파장에 비해서 아주 짧다. 이 때문에 감마선이 갖는 에너지는 빛이 갖는 에너지에 비해서 훨씬 높다. 이 감마선을 어떤 물질에 대어 주면 감마선 위에서 전자와 양전자 한 쌍이 생성된다. 이것은 마치 에너지가 물질화된 것과 똑같은 현상이며 아인슈타인의 상대성이론이 말하는 이른바 물질과 에너지의 등가성에 관한 실험적 검증의 하나다.

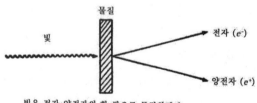

빛은 전자·양전자의 한 쌍으로 물질화된다.

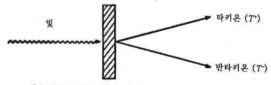

빛은 타키온·반타키온의 한 쌍으로 물질화된다.

〈그림 18〉 빛의 물질화(物質化)

전자는 마이너스의 전기를 가지고 있는 입자이며 양전자는 플러스의 전기를 갖고 있는 입자다. 그리고 전자의 반입자가 되기도 한다. 따라서 감마선이라는 빛이 전자와 양전자로 물질화된다는 현상은 에너지가 물질(전자)과 반물질(양전자)로 분해되는 현상의 하나라고 말해도 좋을 것이다. 에너지의 양만 충분하다면 빛으로부터 양성자와 반양성자의 한 쌍은 물론 원자핵과 반원자핵의 한 쌍도 탄생할 수가 있다.

이와 같이 빛이라는 에너지의 덩어리는 타키온과 반타키온의 한 쌍으로 물질화될 수가 있는 것이다.

이 빛의 물질화라는 현상에는 아주 중요한 것이 하나 있다.

그것은 빛이라는 에너지의 덩어리가 전자와 양전자 한 쌍으로 물질화될 때 빛은 전자의 질량의 2배에 상당하는 에너지를 가지고 있지 않으면 안 된다는 점이다. 양성자와 반양성자로 물질화될 때는 양성자의 질량에 해당하는 0 에너지의 2배 이상이 필요하다. 그런데 타키온의 한 쌍을 만들기에는 에너지가 반드시 필요하지는 않다. 이것은 이미 설명한 것과 같이 타키온에는 0 에너지의 상태가 존재하기 때문이다. 이 때문에 에너지가 아무리 낮은 빛이라 하더라도 원리적으로는 플러스 전기의 타키온과 마이너스 전기의 한 쌍을 생산해 낼 수가 있는 것이다.

타키온을 발견하는 방법

다음에는 이렇게 해서 만들어진 타키온을 어떻게 찾느냐 하는 이야기로 들어가자.

광속도를 넘는 속도를 가진 타키온의 큰 특징의 하나는 그것이 방출하는 이른바 체렌코프광(Cherenkov Light)일 것이다.

일반적으로 물질 속을 달리는 입자는 그 속도가 물질 속에서 광속도를 넘는 경우 빛을 방사한다. 이 빛을 우리들은 체렌코프광(光)이라고 부르는 것이다. 물질 속에 있는 광속도는 진공 중에서의 광속도보다 느리다. 이 때문에 제Ⅰ종의 보통 입자라 하여도 경우에 따라서는 물질 속을 달리고 있는 광속도보다 빠른 속도로 달릴 수가 있는 것이다. 이 때문에 체렌코프광을 방출할 수가 있는 것이다. 지금까지 제Ⅰ종의 입자는 광속도를 넘을 수가 없다고 말해 왔지만, 이때의 광속도는 진공 속에 있어서의 광속도였다는 것은 두말할 필요도 없다.

물질 속을 달리고 있는 하전입자가 체렌코프광을 방사할 때, 방출된 체렌코프광의 방향과 입자의 진행 방향 사이에는 〈그림 19〉의 수식과 같은 관계가 성립한다.

$$\cos\theta = \frac{1}{n \times \left(\frac{v}{c}\right)}$$

n : 굴절률
v : 입자의 속도
c : 진공 속에서의 광속도
θ : 체렌코프광의 방출각

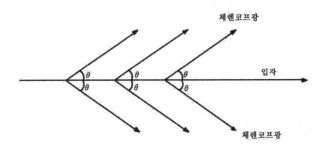

〈그림 19〉 체렌코프광의 방사

예를 들어, 물의 굴절률은 1.33이므로 그 속을 달리는 전자의 속도가 진공 속에서의 광속도 c의 75% 이상이면 θ는 0도보다 커져서 전자는 체렌코프광을 방사할 수 있게 된다. 만일에 전자의 속도가 광속도 c와 거의 같다 할 때는 물속을 달리는 전자는 진행 방향에 대해서 41도의 각도로 체렌코프광을 방사하는 것이다.

전자뿐만 아니라,

$$n \times \left(\frac{v}{c}\right) > 1$$

을 만족하는 속도 v로써 물질 속을 달리는 제 I 종의 입자는 모두가 체렌코프광을 방사할 수 있는 것이다.

그런데 진공의 굴절률은 1이다. 이 경우 체렌코프광을 방사하는 조건식은 n=1이므로 $\left(\frac{v}{c}\right) > 1$로 된다. 즉 입자의 속도 v

가 c보다 클 때만 입자는 체렌코프광을 방사할 수 있다는 이야
기다. 이 조건을 만족시킬 수 있는 입자는 우리가 이미 보아
왔듯이 제Ⅲ종의 입자인 타키온밖에는 없다. 타키온은 진공 속
에서 체렌코프광을 방사할 수 있는 유일한 입자라고 말할 수가
있는 것이다. 반대로 이야기를 하자면 우리가 진공 속에서 체
렌코프광을 관측했다면 그것은 타키온에 의한 것이라고 판정되
지 않을까? 따라서 진공 속에 있어서의 체렌코프광의 관측은
타키온을 동정(同定, identification)할 수 있는 가장 좋은 방법
이라고 생각된다.

물론 타키온은 물질 속에 있어서도 체렌코프광을 방사할 수
가 있다. 그러나 물질 속에서는 보통 입자인 제Ⅰ종의 입자라
도 체렌코프광을 방사할 수 있기 때문에 체렌코프광을 관측했
다는 사실만으로는 타키온이라고 판정할 수는 없는 일이다.

고속도의 입자가 물질 속에서 체렌코프광을 방사하면 그 빛
이 갖고 달아난 만큼 입자의 에너지는 감소된다. 이 에너지 손
실은 입자의 속도의 제곱에 비례한다. 이 때문에 타키온과 같
이 진공 속에서 광속도를 넘는 속도를 가진 입자는 체렌코프광
의 방사에 의해서 막대한 에너지를 잃어버린다. 실제로 계산에
의하면 생성된 하전 타키온의 거의 모두는 수 cm도 달리기 전
에 갖고 있던 에너지의 모든 것을 체렌코프광의 방사에 의해서
상실함으로써 0 에너지 타키온으로 되고 마는 것이다.

이렇게 된다면 공간을 날고 있는 하전 타키온은 그 이상 잃
어버려야 할 에너지를 갖고 있지 못하는 0 에너지 타키온으로
되어 있는 것일까? 이러한 타키온은 당연한 일이지만 다시는
체렌코프광을 방사할 수는 없게 된다.

16. 진공 속에서 체렌코프광을
측정하는 실험

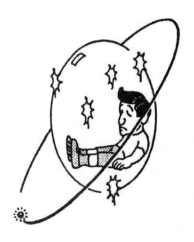

알버거의 실험

1968년 스웨덴의 물리학자 알버거와 그의 연구진은 코발트의 아이소토프(isotope, 동위원소라고 하며 화학적 성질은 같으나 질량이 다른 원소)로부터 나오는 감마선을 사용하여 타키온의 한 쌍을 만드는 일을 실험해 보았다.

실험은 아주 간단한 장치를 사용해서 행한 것이다. 〈그림 20〉에 표시되어 있는 것과 같이 납(鉛) 용기 속에 들어 있는 코발트의 아이소토프로부터 언제나 감마선이 사방으로 방사되게 만들었다. 그러나 방사선은 용기의 납에 막혀 밖으로 나갈 수가 없다. 그러나 이미 설명한 바와 같이 납 속에서 감마선은 타키온과 반타키온의 한 쌍으로 변신할 수 있다. 이때 납 속에서 탄생된 타키온의 몇 개는 납 속을 주행하는 중 에너지를 잃고 겨우 납 용기 밖으로 스며 나올 수도 있을 것이다. 알버거와 그의 연구진은 이렇게 해서 스며 나오는 에너지가 아주 낮은 타키온을 검출하려고 했던 것이다.

타키온을 어떻게 잡을 수가 있을까? 그리고 그것이 타키온이며 보통 입자와는 다르다는 것, 즉 타키온으로서의 동정(同定)을 어떻게 할 수가 있는 것일까?

앞서 우리는 전기를 지닌 타키온은 진공 속에서도 체렌코프광을 방사할 수가 있다는 이야기를 했다. 따라서 납 속에서는 정말로 타키온이 만들어지고 그것으로부터 스며 나오는 것이라면 그 타키온은 진공 속이더라도 체렌코프광을 방사하여야 할 것이다. 그렇다면 그 빛을 검출기로 잡으면 될 것이 아닌가.

그러나 아이소토프로부터 나오는 감마선에 의해서 납 속에서 만들어진 타키온이 갖는 에너지는 아주 작다. 그리고 납 속을

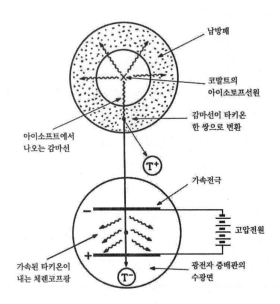

〈그림 20〉 진공 속에서 체렌코프광을 측정하는 실험

달리는 동안에 그 작은 에너지마저 상실하고 말았을지도 모른다. 그 때문에 납 용기로부터 나오는 타키온에는 체렌코프광을 낼 만한 여유가 없을지도 모른다.

그래서 알버거는 진공 용기 속에서 타키온의 속도를 감속하고 그 에너지를 늘리는 연구를 하고 있다. 그 방법은 전기적인 힘을 이용하는 방법이다. 즉, 감마선에 의해서 납 속에서 탄생되어 거기서 에너지의 모두를 잃어버린 후 진공 용기 속에 들어온 타키온을 용기 안에 놓여 있는 전극으로써 잡아당겨 준다는 원리이다. 전극 속에 들어간 마이너스 전기를 가진 타키온은 플러스 전극으로 당겨져 운동에너지를 증대시킨다.

그렇게 되면 타키온은 전극에서 얻은 에너지의 양만큼 체렌코프광을 방사할 수가 있을 것이다. 이 체렌코프광을 잡으면 될 것이라는 이론인데 보통 입자라면 진공 용기 속에 우연히 들어와 전극에 의해서 가속이 된다 하여도 진공으로 되어 있는 전극 사이에서 체렌코프광을 방사할 수는 없다. 따라서 진공으로 되어 있는 전극 사이에 있어서 빛을 검출했다면 그것은 전기를 가진 타키온이 그곳을 통과했다고 생각하지 않으면 안 되는 것이다.

전극의 바로 밑에 빛을 검출하는 광전자 증배관(增倍管)의 수광면(受光面)이 있고 거기서 타키온이 방사한 체렌코프광을 잡는다. 광전자 증배관이라는 것은 수광면에 들어온 빛을 전자로 변화시키고 그 전자를 증배시켜 신호 전류를 만드는 진공관이다. 따라서 타키온이 진공 용기를 통과할 때마다 광전자 증배관으로부터 전기신호가 나오게 된다(그림 20).

알버거와 그의 연구진은 이러한 방법으로 실험을 반복해 보았으나 그 결과는 타키온의 존재에 대해서 부정적인 것이었다. 즉, 타키온의 후보가 될 만한 것을 검출할 수가 없었던 것이다.

이 실험으로 검출하려 했던 타키온은 전기를 지닌 것이었다. 따라서 이 실험에 의한 결론은 다음과 같이 되지 않을까?

『전기를 지닌 타키온은 존재하지 않는다』

17. 광속도보다 빠른 속도를
측정하는 실험

타키온의 속도를 측정하는 방법

타키온은 광속도보다 빨리 달린다고 하였는데 그 속도를 직접 측정해 보면 어떨까?

입자의 속도, 즉 광속도에 가까운 속도를 측정한다는 것은 그리 쉬운 일이 아니다. 왜냐하면, 빛의 경우를 예로 들면 1m의 거리를 측정하는 데 소요되는 시간은 불과 3/10억 초(3×10^{-9}초)밖에는 되지 않기 때문이다. 이렇게 짧은 시간을 도대체 어떻게 측정할 수 있는 것일까?

일반적으로 아주 짧은 시간의 측정에는 주파수가 굉장히 높은 펄스 발진기(Pulse 發振器)가 사용된다. 최근에는 10억(10^9)헤르츠(Hz)와 같은 높은 주파수의 펄스 발진기를 간단히 시중에서 입수할 수 있었다. 10억Hz의 발진기로부터 1초 동안 10억 개의 펄스 신호가 나온다.

이러한 고주파 발진기를 사용하여 입자의 속도를 측정하는 데는 우선 발진기를 펄스 계수용 카운터에 연결시켜 놓는다. 입자가 A점을 통과하는 순간 그 카운터에 시동 스위치를 켜면 된다. 그렇게 하면 카운터는 발진기로부터 펄스를 세기 시작한다. 다음에는 입자가 B점을 통과하였을 순간에 카운터의 스위치를 끈다. 그렇게 되면 입자가 A점으로부터 B점까지 달리는 동안에 발진기가 몇 번의 펄스를 내었는지를 카운터가 세어 주는 것이다. 예를 들어 그것이 100개라 하자. 발진기는 1초 동안 10억 개의 펄스를 내고 있는 것이므로 펄스와 또 하나의 펄스 사이의 시간은 3/10억 초인 것이다. 이 실험에서 그러한 펄스를 100개 세었다는 것은 그 시간이 $10^{-9} \times 10^2 = 10^{-7}$초, 즉

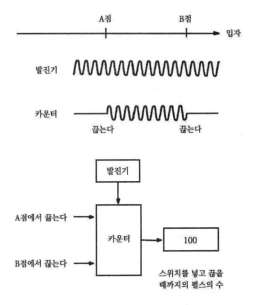

〈그림 21〉 고속 입자의 속도를 측정한다

$\dfrac{1}{1000만}$초 또는 $\dfrac{1}{10}$마이크로초(μ.sec)라는 뜻이 된다. 이렇게 하여 입자가 A점으로부터 B점까지 가는 데 소요된 시간 10^{-7} 초가 측정되는 것이다. 짧은 시간을 정확히 측정한다는 것은 이러한 예에서 알 수 있는 바와 같이 될 수 있는 대로 높은 주파수의 펄스 발진기와 이것으로부터 펄스를 계측할 수 있는 빠른 계수 카운터와 그 카운터를 즉시 시동하여 또한 끌 수 있는 스위치 장치를 필요로 한다.

그렇다면 타키온이 A점을 통과했다는 것을 우리는 어떻게 알 수 있는 것일까? 만일 타키온이 전기를 띠고 있고, 그리고 그 에너지가 0이 아니라면 물질 속을 달리고 있는 타키온은 자기가 갖는 전기에 의해 원자 속에 전자를 튕겨 낼 수가 있을 것이다. 이렇게 타키온에 의해서 튕겨진 전자는 그 물질이 형광체(螢光體)이면 언젠가는 형광(Scintillation)을 방사하여 원자로 돌아온다. 즉, 형광을 낼 수 있는 물질(Scintillator)에 전기를 띤 타키온이 입사되면 타키온이 갖는 에너지의 일부분은 전리작용(電離作用)을 통하여 형광으로 변환되고 만다. 그러므로 이 형광을 측정하면 전기를 가진 타키온이 그 형광체를 통과했다는 것을 알 수 있는 것이다. 신틸레이터(Scintillator) 속에는 형광의 발광 시간이 $\dfrac{1}{10억}$ (10^{-9})초라는 아주 짧은 것이 있다. 따라서 이러한 형광체를 타키온의 검출기에 사용하면 타키온 통과에 의한 펄스 카운터의 시동과 또한 시동을 끄는 일을 $\dfrac{1}{10억}$ 초의 정확도로 행할 수가 있는 것이다. 형광을 통하여 전기를 띤 입자의 통과를 아는 장치는 신틸레이션 카운터(Scintillation Counter)라고 불리고 있다. 이 장치를 사용하여 입자의 속도를 측정하는 데는 〈그림 22〉와 같이 2개의 신틸레이션 카운터를 어떤 거리 d만큼 분리시켜 놓고 여기에 입자를 통과시키면 된다.

그 입자가 A, B 두 점 사이를 달리는 데 걸린 시간 T는, 펄스 카운터를 A, B점에 놓인 신틸레이션 카운터로부터의 신호에 따라 시동 또는 정지시켜 줌으로써 측정이 된다. 거리 d가 알려져 있으므로, 입자의 비행시간 t가 측정되면 입자의 속도 v는 $\dfrac{d}{t}$로써 구할 수가 있다. 이러한 방법으로 입자의 속도를 측정하는 것을 비행시간 측정법이라고 부르고 있다.

이렇게 하여 측정된 입자의 속도가 가령 광속도보다 빠르다

130

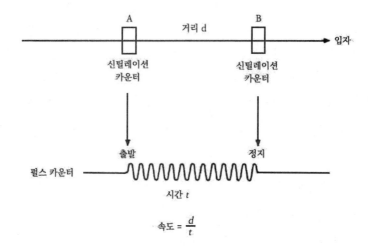

〈그림 22〉 신틸레이션 카운터를 사용하여 입자의 속도를 측정하는 방법

면 그 입자는 타키온이 될 것이다. 왜냐하면 광속도를 초과하여 달릴 수 있다는 것은 바로 그 타키온 자체라고 우리가 이미 정의하지 않았는가?

우주선으로부터 구한다

알버거와 그의 연구진의 실험은 아이소토프로부터의 낮은 에너지의 감마선을 사용한 것이었다. 이 실험에서 타키온이 발견되지 못했다는 것은 우리가 알지 못하는 어떤 원인으로서 타키온을 만드는 데 높은 에너지가 필요했기 때문인지도 모른다.

그래서 가장 높은 에너지의 입자에 대한 충돌 반응으로 타키온이 탄생되는지 어떤지를 조사해 볼 필요가 있다. 가장 간단하게 우리가 입수할 수 있는 높은 에너지 입자의 원료로서 지구로 항상 쏟아져 내려오고 있는 우주선(宇宙線)을 들 수가 있다. 우주선 속에는 인공으로는 만들 수 없는 높은 에너지를 가진 양성자가 포함되어 있고 그러한 양성자가 지구에 균등하게 쏟아져 내려오고 있는 것이다. 이들 높은 에너지의 양성자는 대기 중의 원자핵과 충돌하여 여러 가지 2차 입자를 발생시킨다. 이렇게 해서 탄생된 2차 입자도 대기 중에서 충돌을 반복하고 또는 붕괴하여 그중에서 살아남은 것만 지구상의 우리에게까지 도달하는 것이다.

평균적으로 지구에 오는 고에너지 양성자는 지상 20㎞ 부근에서 대기의 원자핵과 최초의 충돌을 일으킨다고 알려져 있다. 이 충돌로 생긴 고에너지 입자의 붕괴 생성물인 전자나 감마선은 광속도와 비슷한 속도로 지구에 내려온다. 20㎞의 거리를 빛이 달리는 데 소요되는 시간은 약 60마이크로초(60×10^{-6}초)이다. 따라서 충돌이 일어난 후 약 60마이크로초 경과하여 광속도에 가까운 속도로 달리는 감마선과 전자가 우선 지구의 지상에 도달하는 것이 된다. 그 후 충돌에 의해서 생긴 느린 속도의 입자군이 뒤를 이어 지구상에 도달해 온다.

그러므로 만일에 고에너지 양성자와 대기 원자핵의 최초의 충돌로 인해 생긴 타키온이 있다고 하면 그 타키온은 광속도에 가까운 속도로 달리는 전자가 지구상에 다다르기 전에 지구에 도달하지 않으면 안 될 것이다.

클레이의 실험

1974년 미국의 실험물리학자 클레이(Clay)와 그의 연구진은 지구상에 설치된 신틸레이션 카운터가 다수의 전자와 감마선을 검출했을 때 그 순간 이전의 검출기가 어떠한 입자를 포착했는

지 못했는지를 조사하는 실험을 하였다. 타키온이 20㎞의 상공
에서 충돌로 탄생되었다면 전자와 감마선을 검출한 순간에서
60마이크로초 이전까지 신틸레이션 카운터는 타키온을 검출하
여 놓았을 것이다.

그러나 결과는 그들의 기대에 어긋났다. 즉, 명확히 타키온이
라고 생각할 수 있는 입자를 신틸레이션 카운터는 검출하지 못
했던 것이다.

이 실험은 앞서 기술한 비행시간 측정법의 일종이지만 보통
의 것과 다른 점은 비행시간에 출발신호를 내는 검출기가 존재
하지 않는다는 점이다. 지상 20㎞에서 입자가 틀림없이 발생했
다는 증거는 아무것도 없다. 그러나 지구상에 놓인 신틸레이션
카운터는 항시 입자를 세고 있기 때문에 그것이 전자와 감마선
을 다수 헤아린 순간 이전에도 신틸레이션 카운터에는 여러 가
지 시간, 여러 가지 장소에서 탄생된 보통 입자가 들어오고 있
다. 이것을 타키온 후보생으로부터 구별하기는 사실상 아주 힘
든 일이다.

게다가 가령 20㎞의 상공에서 충돌하여 타키온이 탄생되었다
하더라도 이 타키온은 20㎞의 거리를 달리는 동안에 자기가 가
지고 있던 에너지의 모든 것을 체렌코프광의 방사에 의해서 잃
어버리고 말았기 때문에 지구상의 신틸레이션 카운터에 종을
울리게 할 만큼의 여력은 가지고 있지 않을지도 모른다. 실제
로 높은 에너지를 가지고 탄생했다는 타키온이라 하더라도 물
질 속을 수 ㎝만 달리면 그 에너지를 모두 상실하고 만다는 계
산도 나와 있는 것이다. 이러한 계산이 옳다고 본다면 20㎞ 상
공에서 탄생한 타키온은 지구상에 놓여 있는 신틸레이션 카운

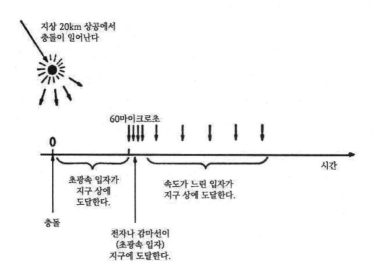

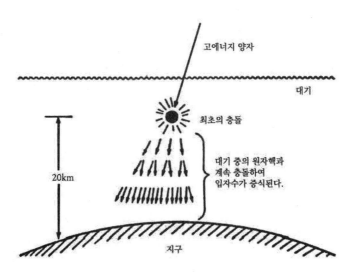

〈그림 23〉 우주선으로써 만들어진 타키온을 찾는다

터의 종을 울릴 수는 없는 것이다.

그러나 만일에 수 ㎝만 달리고 난 뒤에 0 에너지로 되고 만다면 0 에너지 타키온은 무한대의 속도로 달리고 있는 것이므로 거의 탄생한 순간에 지구상에 도달해 있어야만 할 것이다. 그 때문에 0 에너지 타키온을 포착할 수만 있다면 언제나 그 신호가 잡힌 60마이크로초 뒤에 전자와 감마선이 검출되어야 할 것이다.

클레이와 그의 연구진의 실험에서는 이러한 현상도 관측할 수 없었다.

18. 허수의 질량을 측정하는 실험

거품상자로 타키온을 찾는다

마지막으로 타키온을 찾는 실험을 또 하나 소개하기로 한다.

지금까지의 두 가지 실험은 타키온이 갖는 성질 가운데 광속도를 넘는 속도로 달린다는 것을 이용하여 행해진 것이다. 이번 실험은 타키온이 갖는 성질 가운데 그 고유질량이 허수라는 점을 이용하는 것이다.

일반적으로 소립자 간의 반응은 화학의 반응식과 같이 표시할 수가 있다.

예를 들어 파이중간자(π 中間子)가 양성자에 충돌하여 산란되었다는 반응은 양성자를 p로 표시하고 파이중간자를 파이(π)로 표시하면 다음과 같이 쓸 수가 있다.

$\pi + p \rightarrow p + \pi$

이 식에 있어서도 좌변의 입자가 갖는 에너지의 총합과 우변의 입자가 갖는 에너지의 총합은 같다. 이것이 에너지 보존법칙이다.

그래서 양성자(좌변)에 파이중간자(좌변)를 쏘아 산란되어 나오는 파이중간자(우변)와 양성자(우변)를 측정하고 만일에 좌변과 우변에서도 입자가 갖는 에너지의 총합이 같지 않다고 하면 아무래도 측정에 걸리지 않는 무엇인가의 입자가 반응 후(우변)에 존재하고 있기 때문이라고 보지 않으면 안 될 것이다.

소립자 간의 반응이라는 아주 미세한 세계에서 일어나는 일들을 우리 눈으로 직접 볼 수 있도록 해 주는 실험 장치에 거품상자라는 것이 있다. 이 장치의 개략은 다음과 같다.

우선 액체수소를 채운 용기에다 처음에는 압력을 좀 가해 둔다. 액체수소라는 것은 기체인 수소에 높은 압력을 가하여 온

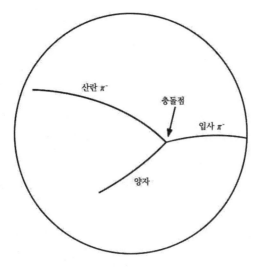

〈그림 24〉 거품상자 사진의 모사도

$$\pi^- + p \rightarrow \pi^- + p$$

도를 낮춰 이것을 액화시킨 것이다. 액화수소의 온도는 -253°
이며 아주 낮은 것이다. 이 때문에 액체수소를 용기에 넣어 두
면 주위로부터 들어오는 열로 인해 끓기 쉬운 상태가 된다. 이
상태에다 가속기로 만들어진 고에너지의 하전 파이중간자를 넣
어 둔다. 파이중간자는 액체수소 속을 전자를 튕겨 내면서 진
행한다. 여기서 액체수소에 가해져 있는 압력을 갑자기 감소시
켜 주면 전자를 빼앗긴 수소이온을 하나의 씨로 하여 기체의
거품이 발생한다. 이온(Ion)은 파이중간자가 지나간 길 위에 생
기기 때문에 그 거품은 마치 비행기구름처럼 파이중간자가 날
았던 흔적을 보여 주는 것으로 된다.

　파이중간자는 그 후 액체수소의 원자핵, 즉 양성자와 충돌하
여 산란을 받은 방향으로 방향을 바꾼다. 파이중간자에 충돌된

양성자도 또한 액체수소 가운데로 움직이기 시작하여 파이중간
자와 마찬가지로 거품에 비행 흔적을 남긴다. 이렇게 하여 소
립자 반응은 10^{-23}초라는 그야말로 깜짝하는 사이에 일어나는
것이다. 거기서 압력이 감소되었을 때 강력한 빛을 쪼여 주며
거품상자의 사진을 찍어 보면 파이중간자와 양성자의 충돌 반
응을 〈그림 24〉와 같이 거품으로 된 입자의 비행 흔적으로 볼
수 있게 된다. 이 실험 장치는 우리에게 소립자 반응을 아주
명확히 보여 주는 것으로 유명하다. 그런데 거품의 씨가 되는
이온은 전기를 띤 입자에 의해서 만들어진다. 거꾸로 말하면
만일 이 반응으로 생긴 입자가 전기를 띠고 있지 않다면 액체
수소를 이온화할 수 없고 이 때문에 거품을 만들 수는 없는 것
이다. 즉, 거품의 형태로 비행 흔적을 남길 수는 없다는 이야기
가 되는 것이다.

그러나 이 그림에서 흔적을 남기지 않는 전기적으로 중성인
파이중간자가 충돌로써 만들어져 있을지도 모르는 것이다.

그러면 이 측정에 걸리지 않은 중성입자가 탄생했는지 안 했
는지를 우리가 판정을 하면 될 것이 아니겠는가. 앞서 말한 바
와 같이 만일에 중성미자가 만들어지고 있다 하면 반응식의 오
른쪽과 왼쪽 사이에서 입자 에너지의 총합이 달라져야만 할 것
이다. 예를 들어 정말로 일어나는 반응은

$$\pi + p \rightarrow p + \pi + \pi^0$$

로 표시되는 것이며 중성의 파이중간자(π^0)가 생겼다면 흔적을
남기고 있는 오른쪽의 양성자와 하전 파이중간자의 에너지의
총합은 왼쪽의 에너지의 총합과 달라져 있어야 할 것이다. 즉,
왼쪽의 에너지가 커야만 하는 것이다. 이 때문에 측정에 걸리

지 않은 중성의 입자는 이 경우에는 그 차이에 해당하는 만큼의 에너지를 갖고 달아났다고 생각하여야 할 것이다. 거품상자를 사용하는 실험에 있어서 반응 전후 입자의 에너지뿐만 아니라 운동량도 측정할 수가 있다. 그렇다면 반응 전후에 있어서 에너지와 운동량의 총합에 차이가 있을 경우 이 차이로부터 측정에 걸리지 않은 입자의 질량의 제곱을 계산할 수가 있을 것이다.

이제 측정에 걸리지 않은 중성미자를 X라고 하자. 측정된 에너지와 운동량의 차로부터 계산된 X 질량의 제곱은 $m_x{}^2=0$이라고 하면, 측정에 걸리지 않은 중성미자는 제II종의 입자, 즉 광자라고 할 수가 있겠다. 만일에 $m_x{}^2>0$이라고 하면 그 중성입자는 제I종의 입자, 즉 전기를 갖고 있지 않은 중성 파이중간자와 같은 것이라고 할 수가 있다. 그리고 만일에 $m_x{}^2<0$이라고 되어 있다면 이것이야말로 제III종의 입자, 즉 중성의 타키온이 탄생했다고 볼 수 있을 것이다.

발티의 실험에서도 부정적

이렇게 하여 타키온을 찾는 방법은 타키온을 직접 검출하는 것은 아니다. 그러나 질량의 제곱이 마이너스가 되는 것과 같은 입자는 질량이 허수라는 계산이 되므로 이러한 입자는 결코 제I종이나 II종의 입자로는 될 수가 없고, 타키온 이외에는 아무것도 아니라고까지 생각할 수가 있겠다.

그리고 이러한 종류의 실험은 타키온이 가진다고 생각이 되는 여러 가지 입자적인 성질, 예를 들어 진공 속에서 체렌코프광을 낸다든가 물질을 이온화시키면서 달린다든가 하는 가정이 전부 틀린다 하더라도 하등의 영향을 받지 않는다. 이 실험에 있어서는 타키온으로부터 나오는 체렌코프광도 타키온 통과에 의한 신틸레이션광도 측정하고 있지 않기 때문이다. 거품상자를 사용한 실험은 타키온이 가지는 허수의 질량, 어떤 의미로서는 타키온의 정의라고 할 수 있는 성질만을 가정한 것이다.

이러한 방법으로 타키온을 찾는 실험은 1970년 미국의 물리학자 발티(Balty)와 그의 연구진에 의해서 시도되었다. 그리고 그 결과는 타키온—이 경우에는 중성 타키온이지만—의 존재에 대해서 다시 부정적으로 나왔다.

타키온은 동위원소로부터 감마선 반응뿐만 아니라, 소립자 상호 간의 충돌 반응에 있어서도 결국은 그 모습을 나타내지 않았던 것이다.

실험 결과가 뜻하는 것

최초에 설명한 감마선으로 타키온을 만드는 실험이나 두 번째의 우주선 속에서 타키온을 찾는 실험에 있어서 탐색 대상으로 된 타키온은 전기를 띤 것이었다. 이것은 감마선으로 만들어졌다든가 또는 체렌코프광을 방사한다든가 신틸레이션을 방사한다는 것이 가능한 타키온은 전기를 띠고 있는 것에 국한되어 있었기 때문이었다. 이에 대하여 수소의 거품상자의 실험은 전기를 갖고 있지 않은 중성의 타키온을 찾는 것이었다. 따라서 이상의 세 가지 실험에 의하여 타키온이 전기를 갖고 있거나 갖고 있지 않은 경우에도 모두가 그 존재를 부정적으로 나타내는 것이었다.

19. 타키온의 존재는
부정되었는가?

실험의 가정은 정확했을까?

우리는 지금까지의 이야기 가운데서 타키온을 찾는 대표적인 세 가지의 실험을 보아 왔다. 이 밖에도 같은 종류의 실험이 몇 가지 이뤄졌으나 그것도 모두가 타키온의 존재를 부정하는 것이었다.

그러나 그렇다고 해서 이들 실험에 의하여 타키온의 존재가 완전히 부정되었다고는 할 수 없다.

이제까지의 실험에 있어서 우리는 타키온이 빛보다 빨리 달린다는 것과 허수의 질량을 갖고 있다는 점 이외에는 보통의 입자와 거의 다르지 않은 입자로 생각해 온 것이다. 그리고 보통 입자와의 닮은 점을 비교함으로써 타키온이 가지고 있어야 할 성질을 가정하고 그 성질을 이용해서 실험해 온 것이었다.

예를 들어 제1의 실험에 있어서 전기를 띤 타키온은 진공 속에서 체렌코프광을 방사한다고 가정했고, 제2의 실험에서는 전기를 가진 타키온은 신틸레이션으로 하여금 빛을 내게 한다는 것과 대기 중에서 20㎞를 달리고 있어도 자기의 에너지를 모두 잃어버리지는 않는다는 것을 가정했다. 그리고 제3의 실험에 있어서는 보통 입자의 충돌에 의해서 타키온은 쉽게 만들어진다고 가정했던 것이다. 물론 제1의 실험에 있어서는 타키온이 감마선에 의해서 탄생된다는 것도 가정하였고 제2의 실험에 있어서는 타키온이 높은 에너지의 양성자와 공기 원자핵의 충돌로 만들어진다는 것을 가정하고 있다.

이들 여러 가지 가정은 한마디로 말하자면 타키온은 보통 입자와 같은 입자이며 또한 보통 입자와 같이 우리 주위의 물질과 상호작용한다는 것이다.

이러한 가정은 정말로 옳은 것이었을까?

가장 걱정되는 것은 타키온이 진공 속에서 체렌코프광을 방사한다는 가정이다. 이것은 진공 속에서는, 예를 들어 충돌이라는 현상에 의하여 타키온의 운동을 방해하는 것은 아무것도 없어야만 되는 것이 아닐까? 즉, 타키온에 힘을 미치지 못하기 때문이다. 힘을 미치는 것이 없다면 타키온은 어떻게 체렌코프광을 방사할 수 있겠는가 말이다. 힘의 작용이 없으면 타키온은 등속운동을 하고 있지 않으면 안 된다. 그리고 등속운동을 하는 한 타키온의 에너지의 증감은 없는 것이며 타키온이 체렌코프광을 방사하여 에너지를 잃는다는 것도 있을 수 없는 일이 아니겠는가 말이다.

타키온이 진공 속에서 체렌코프광을 방사한다는 생각은 한번 더 잘 음미해 보아야 되겠다.

두 번째 실험의 문제점

두 번째의 실험 이야기로 넘어가자. 이 실험은 타키온의 비행시간을 측정한 실험이다. 그러나 이 실험은 앞서 설명된 바와 같이 반드시 비행시간을 정확히 측정한 것은 아니다. 그 때문에 앞으로 보다 더 정확도를 높여서 이러한 종류의 실험을 행할 필요가 있다는 생각이 든다.

이제 이 실험은 앞서 설명한 바와 같이 초고($超高$)에너지의 양자와 대기 원자핵의 충돌에 의해서 타키온이 생성되었다고 가정하고 있다. 이 실험에 있어서의 시간의 원점은 20㎞ 상공에서 타키온과 함께 탄생한 광속도에 가까운 속도의 보통 입자가 지구상에 놓여 있는 신틸레이션 카운터에 도달하는 시간이었다. 따라서 이 시간보다 빨리 신틸레이션 카운터에 도착해 있는 입자가 있다면 그것은 타키온이라고 하는 것이다.

이 이야기 자체가 무리한 이야기다. 그 이후로는 최초의 충돌이 20㎞ 상공에서 일어났다는 확실한 증거도 없고 거기에다 충돌이 일어나 타키온이 생성되었다 하더라도 그 속도는 여러 가지 값을 취할 수가 있기 때문에 타키온의 도착 시간은 원점에서 60마이크로초 전까지 연속적으로 분포되고 말아 다른 현상과의 구별이 힘들기 때문이다.

게다가 공중을 20㎞ 달리는 사이에 자기가 가지고 있는 모든 에너지를 상실했다면 타키온은 신틸레이션 카운터에 그 반응을 보일 수가 없을 것이 아니겠는가 말이다.

이러한 사정 때문에 이 실험을 통하여 타키온이 존재하지 않는다고 결론을 지을 수도 없는 것이다.

세 번째 실험의 문제점

세 번째 실험은 어떠하였을까?

질량의 제곱이 마이너스($m^2<0$), 따라서 고유질량이 허수라는 것은 확실히 타키온의 정의 그 자체인 것이다. 그러므로 이러한 입자를 발견할 수 있다면 타키온을 발견했다고 할 수가 있겠다. 발티와 그의 연구진은 이러한 입자를 발견할 수는 없었다. 그들의 실험이 옳다고 본다면 앞서 설명한 것과 같이 중성의 타키온은 정기적으로 존재하지 않는 것이 아니면 존재하더라도 파이중간자와 양성자의 충돌로는 만들어질 수 없다는 결론을 얻는다. 실인즉 발티는 K중간자를 수소 거품상자에 입사시켜 같은 실험을 한 일이 있었고 그 경우에도 타키온을 발견

하지 못했다.

이러한 종류의 실험에는 언제나 오차가 따라다닌다. 실험적으로 결정한 mx^2에 있어서 오차가 크다면 타키온의 질량의 제곱이 0에 가까운 경우에도 mx^2의 분포가 플러스 방향으로 퍼져 나가 타키온인지 아닌지를 잘 분간할 수 없는 것이다.

그러나 타키온에는 여러 가지 질량의 것이 존재하여야만 할 것이다. 이 때문에 m^2의 값이 비교적 큰 것은 실험의 오차가 큰 발티의 실험에서도 나타나 있어야만 하지 않겠는가.

그러므로 발티 실험의 결론은 타키온이 가령 존재한다 하여도 K중간자와 파이중간자와 양자의 충돌에 있어서는 어떤 이유 때문에서인지는 모르나 만들어지지 않는다는 결론을 얻게 된다.

이상의 이야기를 종합해 보면 오늘날까지 행해진 실험에 의해서 타키온의 존재가 완전히 부정되었다고는 생각할 수가 없다. 그것은 실험이라는 것이 언제나 찾으려고 하는 타키온이 갖고 있는 어떤 성질에 가정을 두고 그 가정에 의하여 이뤄지기 때문이다. 그러므로 발견되지 않는다는 부정적 결론의 경우 타키온이 존재하지 않는 것인지 또는 실험에 있어서 가정했던 것이 맞지 않게 된 것인지, 어느 것인지도 확실히 알 수 없도록 되어 있다. 따라서 우리는 타키온이 갖고 있는 성질에 너무나도 많은 조건을 붙이지 않는 실험을 금후에도 정확도를 높여 행하여야 할 필요가 있는 것이다.

20. 어떤 실험으로 타키온을 찾아야 하나?

우리는 앞서 설명한 대로 타키온을 발견하는 방법으로서 다음의 세 가지를 보아 왔다. 그것은,

(1) 보통 입자가 낼 수 없는 조건하에서 체렌코프광을 검출한다.

(2) 입자의 비행시간을 측정하여 속도가 광속도를 넘는 것을 발견한다.

(3) 질량의 제곱이 마이너스가 되는 입자를 발견한다.

라는 것이었다.

여기서는 종래의 실험을 반성하는 입장에서 앞의 두 가지 방법에 의거한 타키온의 검출에 관해서 다시 한번 검토해 보자.

체렌코프 방사를 검출하는 실험

알버거의 실험은 진공 중에서의 체렌코프광을 관측하여 타키온을 발견하려고 한 것이었다. 그러나 이미 설명한 대로 진공 속에서 체렌코프광을 방사하는 타키온은 없을지도 모른다. 따라서 여기서는 타키온이 물질 속을 달릴 때 방사하는 체렌코프광을 검출하는 경우를 생각해 보자. 타키온은 전기를 띤 입자로 된 물질 속에서 체렌코프광을 낸다는 것을 부정할 수 없기 때문이다.

여기서 전기를 띠고 있는 고속도의 입자가 체렌코프광을 방사하는 조건을 한번 더 복습해 보기로 한다.

이제 굴절률이 n인 투명한 물질 속을 하전입자가 달린다는 경우를 생각하기로 하자. 만일 이 입자가 보통 입자라면 체렌코프광은 입자의 진행 방향으로부터 〈그림 25〉의 식에서 주어지는 각도 θ의 방향으로 방사될 것이다.

그런데 이 보통 하전입자에 의해서 방사되는 체렌코프광은

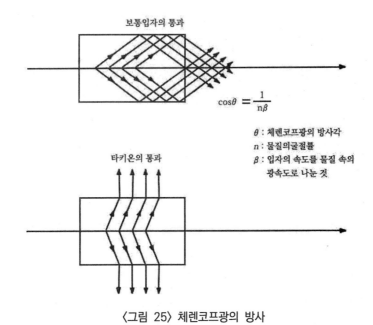

보통입자의 통과

$$\cos\theta = \frac{1}{n\beta}$$

θ : 체렌코프광의 방사각
n : 물질의굴절률
β : 입자의 속도를 물질 속의
    광속도로 나눈 것

타키온의 통과

〈그림 25〉 체렌코프광의 방사

만일 입자의 진행 방향이 물질의 측면과 평행한 경우 물질을 적당히 선택만 하면 그 물질의 전반사(全反射)의 각도보다도 더 큰 각도로 측면에 부딪히게 할 수가 있을 것이다. 그렇게 되면 보통 입자가 방사하는 체렌코프광은 그림과 같이 전반사를 받아 전부 내부에 반사되고 만다. 다시 말해서 이러한 경우, 광속도 c보다도 느린 속도로 달리는 입자가 물질 속에서 방사하는 체렌코프광은 그림과 같이 측면으로부터 물질 밖으로 굴절하여 나오는 일은 없다는 것이다. 여기에 타키온과 보통 입자를 구별할 수 있는 하나의 열쇠가 숨어 있다.

같은 물질 속을 이번에는 광속도보다 빠른 속도의 타키온이 통과했을 경우를 생각해 보면, 그림 중의 타키온에 의해 방사

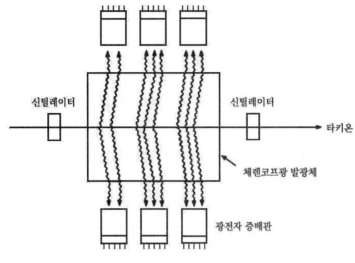

〈그림 26〉 체렌코프광을 잡는 장치

되는 체렌코프광은 물질의 전반사의 각도보다 작은 각도로 측면에 입사하기 때문에 거의 모두가 측면으로부터 그 물질 밖으로 새어 나온다. 체렌코프 방사의 조건식에서 알 수 있는 바와 같이 입자의 속도가 광속도보다 아주 크다면 체렌코프광의 방사각은 90도에 가까워진다는 것을 알 수 있다. 그리고 입자의 속도가 무한대가 되었을 때는 방사각은 정확히 90도로 되어 입자의 진행 방향과 수직의 방향이 되는 것이다.

　굴절률이 적당한 투명 물질을 선택하면 이러한 방법에 의해서 타키온과 보통 입자를 구별할 수가 있을 것이다.

　실제 실험에서는 〈그림 26〉과 같이 체렌코프광의 발광체인 투명 물질의 측면에 광전자 증배관을 나열하여 측면으로부터 새어 나오는 빛을 붙잡게 된다. 체렌코프 발광체의 전후에 놓인 작은 신틸레이션 카운터는 입자가 측면에 거의 평행하게 입

사되는 것이라는 점을 확인하기 위해서이다. 보통 입자의 경우
에 있어서도 그것이 발광체에 사면을 이루도록 입사를 할 경우
에는 측면으로부터 빛이 새어 나올 수도 있기 때문이다. 이 점
을 제거하기 위해서는 발광체의 앞뒤에 작은 신틸레이션 카운
터를 놓고 이 2개의 카운터가 동시에 신호를 내었을 때만 체렌
코프 카운터의 신호를 조사해 보면 된다고 할 수가 있다. 그
이유는 이때 입자가 측면을 대체로 평행으로 달리고 있기 때문
이다.

지금까지 이러한 방법으로 타키온을 찾으려 했던 실험은 없
었다.

비행시간을 측정하는 실험

클레이가 행한 실험의 큰 결함은 그들의 비행시간 측정법에
명확한 시간적 시동 신호가 없었다는 점이다. 이 때문에 타키
온의 현상과 불규칙적으로 달려오는 보통 입자에 의한 현상의
구별이 애매해지고 있다. 그래서 다음과 같이 어떤 거리를 두
고 놓인 2개 이상의 검출기를 사용하여 타키온의 비행시간을
엄밀히 직접 측정하여 보는 방법을 생각해 보자.

이 목적을 위하여 〈그림 27〉과 같이 4개의 신틸레이션 카운
터를 일정한 거리, 예를 들어 각각 2m씩 간격을 두고 나열해
둔다. 이 장치를 입자가 통과할 때마다 카운터 S1과 S2, S2와
S3, 또한 S3과 S4 사이의 비행시간을 측정한다. 이 시간으로부
터 계산한 속도가 모두 광속도를 넘으면 통과 입자는 타키온일
수 있는 가능성을 가진다.

예를 들어 빛이 1m의 거리를 달리는 데 소요되는 시간은

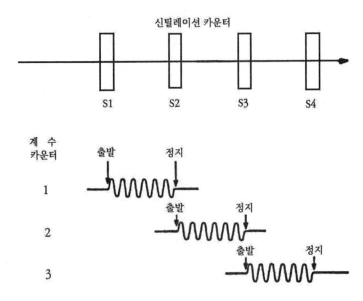

〈그림 27〉 타키온의 속도를 직접 측정하는 방법

$\frac{3}{10억}$초(3×10^{-9}초)이므로 그림과 같은 장치를 광속도로 달리는 입자가 통과했을 경우 신틸레이션 카운터로부터 나온 신호로 10^9Hz의 발진기를 시동시키고 멈추게 하면 주파수 카운터는 각각 6개의 펄스를 셀 수 있게 된다.

　보통 입자가 전체의 장치를 통과했을 경우에는 주파수 카운터의 출력이 3이나 6펄스보다도 큰 값으로 되어 있을 것이다. 그러나 타키온이 통과했을 경우에는 주파수 카운터의 출력은 3이나 6펄스 이하의 값으로 되어 있어야만 하는 것이다. 타키온은 항상 광속도 이상의 속도로 달리고 있기 때문이다.

　이 장치는 4개의 카운터 사이의 3구간을 광속도 이상의 속도로 달리고 있는 입자를 찾는 것이 된다. 어느 한 구간에서 광속도 이하의 속도가 있었다 하자. 만일 그것이 제일 마지막 구간이었다면 타키온은 최후로부터 두 번째의 S3카운터에서 보통 입자로 변했다고 할 수가 있다. 또한 처음의 구간만이 광속도 이하의 속도였다면, 보통 입자가 그림의 왼쪽으로부터 들어와 S2카운터에서 타키온으로 전환되었다는 가능성도 생각할 수가 있겠다.

그러나 실제로 이러한 일은 일어나는 것이 아니라 카운터가 무엇인가의 노이즈 현상을 헤아렸다고 생각하는 것이 무난할 것이다. 이 때문에 전부의 구간을 광속도 이상의 속도로 달렸을 경우에만 타키온이 통과했다는 생각을 가지는 것이 당연하다. 타키온의 통과라는 것을 정확히 표현하기 위해서는 카운터의 수가 많을수록 좋고 비행시간을 측정하는 구간의 수도 많을수록 좋을 것이다.

물론 이러한 방법으로 검출될 수 있는 것은 전기를 지닌 타키온뿐이다.

이러한 카운터의 세트를 하늘로 향하게 배치하고 상공에서 우주선에 의하여 만들어진 타키온을 잡으면 될 것이다.

현재까지 이러한 방법으로 타키온을 찾으려고 했던 실험은 없었다.

중성 타키온의 검출법

마지막으로 전기를 지니고 있지 않은 중성의 타키온 검출에 관해서 또 한번 언급하겠다.

중성 타키온은 당연한 일이지만 중성자나 감마선과 같이 전기를 띠고 있지 않다. 이 때문에 물질과 전기적으로 상호작용을 할 수가 없다. 따라서 중성 타키온은 체렌코프광을 방사할 수도 없고, 물질을 이온화한 거품상자에 어떤 비행 흔적을 남길 수도 없고, 또한 신틸레이터로 하여금 빛을 내도록 할 수도 없다. 이러한 중성 타키온의 유일한 발견 방법은 발티와 그의 연구진이 실험한 바와 같이 허수의 질량을 간접적으로 측정하는 것일 것이다. 그러므로 이러한 종류의 실험을 앞으로도 여러 가지 조건에서 정확도를 높여 행한다는 것은 충분히 뜻이 있을 것이라고 여겨진다.

21. 타키온은 기다린다

사실은 이론을 초월한다

지금까지 우리는 타키온을 현대의 물리학, 특히 현대의 상대성이론의 테두리 안에서 생각해 왔기 때문에 타키온이 가져야할 성질에 여러 가지 주문을 스스로 해 왔다.

고유질량이 순허수로 된다는 것, 에너지를 주면 속도가 늦어진다는 것, 0 에너지 타키온은 무한대의 속도를 갖는다는 것 등의 이야기다. 다시 또 타키온이 존재하더라도 현대의 물리학의 기본 원리인 인과율이 깨질 수는 없게 하기 위하여 타키온을 사용해서 과거라는 시점에 통신을 보낸다는 매력 있는 가능성도 버렸고, 에너지 위기를 구제할 수 있을지도 모를 마이너스 에너지의 존재도 부정해 버렸다.

이같이 타키온을 현대물리학의 테두리 안에 넣어 버렸기 때문에 가령 타키온이 존재한다 하더라도 그리 매력 있는 입자로는 될 수가 없을지도 모른다. 물론 광속도를 넘는 속도로 달린다는 것은 아주 굉장한 일이며 그것만으로도 우리의 꿈을 자극시켜 주는 것이기는 하다.

그러나 타키온을 찾는다는 입장에 선 사람으로서는 꿈은 클수록 좋은 것이 아니겠는가? 그러므로 타키온에 현대물리학이 너무 심한 규제를 가할 필요는 없는 것이다.

실험물리학자들은 타키온을 찾을 때, 그 실험에 절대적으로 필요로 하는 성질을 타키온에 가정하는 것 이외에는 아주 자유스러운 발상으로 실험에 임한다. 그들은 빛보다 빠른 입자의 발견에 흥미가 있는 것이지, 그 입자가 때로는 마이너스의 에너지를 갖는다든가 시간에 역행해서 달린다든가에 관한 일에 대해서는 별로 신경을 쓰지 않는다. 다시 말해 그 입자가 오늘

날의 물리학과 상통되는 점이 없다 하더라도 그리 걱정할 필요
가 없는 것이다. 이 입자가 오늘의 물리학에서 이론적으로 부
정될 수 있는 것이라 하여도 이 때문에 타키온 찾는 일을 단념
하지는 않을 것이다.

왜냐하면 만일 광속도보다 빨리 달리는 타키온이 발견된다면
그것을 부정하던 물리학 이론이야말로 이번에는 도리어 부정되
어야 하는 입장에 서기 때문이다. 만일 타키온의 존재에 의하
여 인과율이 깨진다면 그 파괴되는 것을 포함하는 새로운 물리
학이야말로 탄생되어야 할 것이기 때문이다.

다만 실험이라는 것은 항상 일상적 수준에 있어서 행하여지
는 것이다. 예를 들어 입자에 방사하는 빛을 관측한다든가, 입
자의 비행시간을 측정한다든가, 입자의 나는 흔적을 눈으로 본
다든가 하는 것과 같이 타키온이 제아무리 공상적으로 재미있
는 입자라 할지언정 이것을 찾을 때는 현실적인 수준으로 끌어
내려서 보아야만 하는 것이다. 이 때문에 진공 속에서 체렌코
프광을 방사한다든가 신틸레이션 카운터를 울리게 한다든가 하
는 것 등이 문제로 남는 것이다. 이 과정에 있어서 타키온이
갖는 입자로서의 특성에는 아무래도 가정이 들어오게 된다. 그
결과 어떤 실험에 있어서 타키온이 발견되지 않았을 경우 타키
온은 존재하지 않는가, 또는 그 실험에 의해서 가정했던 것이
틀린 것인가 라는 점이 확실하지 않다는 것이다.

이러한 사정은 타키온뿐만 아니라, 아직도 알려지지 않은 입
자의 탐색에서 언제나 따라다니는 하나의 숙명적인 조건인 것
이다.

타키온이 던져 주는 꿈

타키온을 찾을 때 타키온이 갖는 성질 가운데서 가장 기본적인 것은 광속도 이상의 속도로 달린다는 점을 제외하고는 타키온은 보통 입자와 그리 다를 바 없는 입자라는 가정일 것이다. 그러나 이 가정이 혹시 틀릴지도 모른다. 타키온은 광속도를 넘는 속도로 달리기 때문에 우리의 상상을 초월하는 특성을 가진 입자일지도 모르기 때문이다. 예를 들어 무한대 속도의 타키온을 생각해 보자. 탄생한 타키온은 공간을 수 ㎝만 달리면 자기가 가진 모든 에너지를 체렌코프광의 방사에 의해서 잃어버리고 말기 때문에 0 에너지의 상태가 되어 무한대 속도로 달린다고 되어 있다.

무한대의 속도를 가진 입자에는 운동에 따르는 시간이라는 것이 존재하지 않으므로 빛이라면 수억 년이나 걸릴 일도 순식간에 해내고 만다. 그렇게 된다면 이러한 타키온을 찾는 입장에 섰을 때는 어떻게, 어디서 찾아야만 되는 것일까? 이제 여기에 있다고 생각했던 순간, 그 타키온은 우주의 끝에 있는 것이며, 토성에 가까이 있을지도 모르고 또한 근처의 다른 점에 있을지도 모르는 것이다. 이 때문에 우주 공간에 한 개의 무한대의 타키온을 놓아두면 그 타키온은 우주 도처에 있는 것으로 된다. 다시 말하자면 이러한 타키온의 존재 확률은 우주 공간 전체에 균등하게 퍼져 있다고 할 수가 있겠다.

존재 확률이 우주 전체에 퍼져 있다면 이러한 타키온의 크기는 우주 전체의 크기라고도 할 수 있지 않을까. 즉, 이러한 타키온은 정지한 우주 공간 그 자체라고도 말할 수 있을 것이다.

체렌코프광의 방사에 의해서 에너지를 잃어버리는 타키온은 전기를 띤 것뿐이다.

만일에 전기를 가진 타키온만이 에너지를 가지고 무한대 속도로 되어 공간에 균등하게 분포된다고 하면, 우리들의 우주 공간은 전기를 지니고 있는 것일까? 그러나 플러스 전기의 타키온과 마이너스 전기의 타키온은 통계적으로는 같은 수만큼 탄생했을 것이므로 두 가지 전기가 서로 상쇄되는 공간은 역시 중성으로 되어 있을지도 모른다.

에너지를 잃어버리고 무한대 속도가 된다는 것은 하필이면 전기를 가진 타키온만은 아니다. 생성된 중성의 타키온도 보통 물질과의 충돌에 의하여 에너지를 잃어버리고 언젠가는 무한대의 속도를 갖게 될 것이다.

우리를 둘러싸고 있는 이 공간은 무한대 속도의 타키온으로 채워져 있을 가능성이 있다. 그리고 이러한 타키온에 의해서 얻은 우주 공간 속을 우리의 지구는 운동하고 있다고도 할 수 있는 것이다. 이렇게 되면 지구는 타키온에 의해 압력을 받고 있는 것이 아닐까? 지구가 공간 내에서 정지해 있으면 지구가 받는 타키온의 압력은 등방적이다. 그런데 움직이고 있다면 지구의 진행 방향과 반대 방향은 타키온으로부터 받는 압력이 달라야 할 가능성이 있다.

이러한 압력은 도대체 측정할 수 있는 것일까, 없는 것일까?

타키온온 기다린다

타키온이라는 입자가 보통 입자와 그 성질이 아주 다른 존재일지도 모른다는 예로 그것이 무한대의 속도를 가진 경우를 생각해 보았다.

타키온이라는 입자는 모두가 다 잘 모르겠다는 입장이며, 이 때문에 이것을 찾는다는 것은 아무래도 땅속에 파묻힌 금을 찾는다든가 또는 산속 깊이 있는 인삼을 찾는 것과 마찬가지일 것이다. 그러나 타키온이 인과율을 깨지 않는 입자인 한, 적어도 이론적으로는 현대물리학에 있어서도 그 존재를 무시해야 할 이유도 없다. 그렇다면 타키온은 존재할지도 모르는 일이다.

독자 가운데서도 타키온의 발견에 도전하고자 하는 사람들이 나온다 해도 나는 놀라지 않을 것이다. 아직도 알 수 없는 것을 찾는다는 것은 우리 지적인 인간의 특권이며 또한 숭고한 욕망이기 때문이다. 그리고 타키온은 누군가에 의해서 발견되기를 광속도를 넘는 속도로 우리 주위를 돌고 있으면서 언제나 기다리고 있는 것이다.

부록 1

상대성이론에 의하면 어떤 좌표계 S에 있어서 에너지 E를 갖는 입자를 그 입자의 운동 방향과 같은 방향으로 일정한 속도 u로 움직이고 있는 좌표계 S′에서 본다면 입자의 에너지 E′는 다음과 같은 식으로 주어진다.

$$E' = \gamma \left(1 - \frac{u}{v} \frac{v}{c} \right) E \quad \cdots\cdots (1)$$

$$\gamma \equiv 1 / \sqrt{1 - \left(\frac{u}{c} \right)^2}$$

여기서는 v는 S계에 있어서의 입자의 속도, c는 광속도를 의미한다.

u는 c보다 언제나 작은 양이니까 입자의 종류 여하를 불문하고

$$\gamma > 0$$

이다.

만일에 입자가 제Ⅰ종의 입자이면 그 속도 v는 언제나 광속도 c보다 작으니까

$$\frac{v}{c} < 1$$

로 된다.

이 때문에

$$\frac{u}{c} \times \frac{v}{c} < 1 \quad \cdots\cdots (2)$$

로 되어 (1)식의 우변은 언제나 플러스(+)로 된다. 즉 어떠한 좌표계에서 보아도 입자의 에너지는 플러스의 값을 갖는다는 뜻이다.

그런데 입자가 제Ⅲ종의 입자, 즉 타키온이라고 하면, 그 속도 v는 광속도 c보다 언제나 크다. 이 때문에 u가 c보다 작다 해도 v가 크니까

$$\frac{u}{c} \times \frac{v}{c} > 1 \cdots\cdots (3)$$

로 될 수가 있다.

만일 그렇게 된다면 좌표계 S′에서 본 입자의 에너지는 마이너스(-)로 되고 만다.

또한

$$\frac{u}{c} \times \frac{v}{c} = 1 \cdots\cdots (4)$$

을 만족시키는 속도 v를 타키온이 가질 때 좌표계 S에서부터 본 타키온의 에너지는 (1)식에서 알 수 있듯이 0이 된다.

그리고 입자의 운동에 따르는 시간의 변화는 좌표계에 따라서 어떻게 변하는 것일까?

좌표계 S에 있어서 운동에 따르는 시간 변화를 Δt라고 하면 좌표계 S′에서 본 시간 변화 $\Delta t'$는 (1)식과 같은 식으로 표시된다.

시간 변화를 Δt라고 하면 좌표계 S′에서 본 시간 변화 $\Delta t'$는 (1)식과 같은 다음 식으로 표시된다.

$$\Delta t' = \gamma \left(1 - \frac{u}{c} \times \frac{v}{c} \right) \Delta t \cdots\cdots (5)$$

이것을 보면 명백한 것과 같이 제Ⅰ종의 입자는 항상

$$\frac{u}{c} \times \frac{v}{c} < 1 \quad \cdots\cdots (6)$$

이니까 어떠한 좌표계로부터 보아도 입자의 운동에 따르는 시간 변화는 플러스이며 운동이 시간에 순행하여 일어나고 있음을 알 수 있다.

그러나 제Ⅲ종의 입자인 타키온의 경우에는

$$\frac{u}{c} \times \frac{v}{c} > 1 \quad \cdots\cdots (7)$$

로 될 수가 있어, 이 때문에 입자의 운동에 따르는 시간 변화가 마이너스로 될 수도 있다. 다시 말해서 입자의 운동이 시간에 역행하여 일어날 수 있는 가능성이 있다는 것이다.

또한 타키온의 속도가

$$\frac{u}{c} \times \frac{v}{c} = 1 \quad \cdots\cdots (8)$$

로 되는 v의 값은 어떻게 되는 것일까?

이 경우엔 좌표계 S′에서 보았을 때 입자의 운동에 따르는 시간 변화가 0으로 되고 만다. 입자의 운동에 시간이 걸리지 않는다는 것은 그 입자의 속도가 S′계에서 보았을 때 무한대로 되어 있다는 뜻일 것이다. 실제로 이 조건 (8)의 경우, 이미 기술한 바와 같이 좌표계 S′에서 보는 입자의 에너지는 0으로 되어 있다. 0 에너지의 타키온이 갖는 속도가 무한대임은 이 책의 본문에서 설명한 대로이다.

부록 2

어떤 좌표계에서 에너지 E, 운동량 P를 갖는 입자를 생각해 보자. 상대성이론에는 이 두 개의 물리량 사이에 다음과 같은 관계가 성립되어 있다.

$$E^2 - P^2 c^2 = m_0{}^2 c^4 \quad \cdots\cdots\cdots (9)$$

여기 m_0는 입자의 고유질량, c는 광속도를 나타내고 있다.

제 I 종의 입자의 경우를 생각해 보면 m_0는 (+)의 실수이니까 $m_0{}^2$은 언제나 0보다 크다. 즉

$$m_0{}^2 > 0 \quad \cdots\cdots\cdots (10)$$

으로 된다. 이 때문에

$$E^2 - P^2 c^2 > 0 \quad \cdots\cdots\cdots (11)$$

로 되어 에너지는 입자의 운동량을 c의 단위로 표시한 값보다 언제나 크다.

또한 입자의 속도 v가 0일 때는 운동량은 0이 되어 입자는 정지한다. 이때의 에너지는

$$E = m_0 c^2 \quad \cdots\cdots\cdots (12)$$

이다. 즉 고유질량은 c^2의 단위로 표시한 것과 같은 것으로 되어 있다. 입자의 에너지는 이것보다 작아지지는 않는다.

이에 대하여 제II종의 입자인 빛의 경우는 어떻게 되는 것일까? 이때는

$$m_0{}^2 = 0 \quad \cdots\cdots\cdots (13)$$

이니까 광자의 에너지 E는

$$E=Pc \quad \cdots\cdots\cdots \quad (14)$$

로 된다.

즉, 광자의 에너지 E는 운동량을 c의 단위로 표시한 것과 같은 것이다.

다음에는 문제의 초점인 제Ⅲ종의 입자 타키온의 경우이다. 이 경우에도 (9)식이 성립한다고 생각하면

$$m_0{}^2 < 0 \quad \cdots\cdots\cdots \quad (14')$$

이니까 에너지와 운동량의 관계는

$$E^2 - P^2 c^2 < 0 \quad \cdots\cdots\cdots \quad (15)$$

로 된다. 즉, 입자의 에너지보다도 광속도 c의 단위로 표시한 운동량 쪽이 크게 된다. 그러니까 가령 에너지가 0으로 되어도 운동량은 0이 될 수가 없다.

실제로 (9)식에서

$$E=0$$

을 대입해 주면

$$P^2 c^2 = -m_0{}^2 c^4 \quad \cdots\cdots\cdots \quad (16)$$

으로 된다. 여기서 타키온의 고유질량 m_0가 순허수 im^*임을 생각하여야 한다. 물론 m^*는 (+)인 실수이다. 여기서 m_0에 im^*를 대입시켜 주면

$$P=m^* c > 0 \quad \cdots\cdots\cdots \quad (17)$$

라는 관계를 얻는다. 이것이 바로 0 에너지 타키온이 갖는 운동량이다.

(17)식으로부터 알 수 있는 것과 같이 0 에너지 타키온의 운동량은 타키온의 고유질량 허수부(虛數部)의 크기와 같다. 이 때문에 만일에 0 에너지 타키온의 운동량을 어떤 방법으로든지 측정만 할 수 있다면, 우리는 타키온의 m^* 값을 결정할 수가 있게 된다.

역자의 「노트」

최근에 일부 물리학자들은 아인슈타인 물리학에 대하여 수정이 필요하다고 느끼고 있다.

과학도 인류문화의 흐름을 타고 역사라는 시류의 한 토막을 항상 신진대사를 거듭하면서 차지하여야 하는 이상, 한 시대에 있어서의 영광을 그대로 영원히 누릴 수는 없는 것이다. 따라서 물리학도 같은 운명에 있고 「아인슈타인」의 상대성이론도 언젠가는 새로운 발견에 자리를 양보하여야 할 때가 올 것이 아닐까?

그 새로운 것은 타키온이라는 초광속입자가 가져다줄 것임을 믿는 젊은 물리학자들이 우선 미국의 프린스턴대학에서 먼저 일어섰다.

타키온만 발견하면 되는 것이다.

이 발견이 이루어지면 모든 SF는 일제히 RF(현실적 소설)로 되고 만다! 나도 유한의 광속도가 절대불가침이란 아인슈타인의 이론에 저항을 느끼는 사람의 하나이다. 그렇기 때문에 이에 대한 젊은 물리학자들의 과감한 도전을 나는 쌍수를 들고 환영한다.

이 책의 저자인 혼마 사부로 씨는 일본에서 태어나 도호쿠대

학 물리학과를 졸업하였고, 대학원을 거쳐 미국의 MIT 원자핵
연구원을 역임한 후, 현재 도쿄대학의 원자핵 연구소 교수로서
재직하고 있다.

고에너지 전자가속기(電子加速器)를 사용하여 나오는 빛으로
소립자와 원자핵물리학 실험을 전공하고 있으며, 이 분야에 있
어서의 최전선에서 이름이 잘 알려진 학자이다. 최신 물리학의
보급 계몽에도 관심이 높아 『소립자를 빛으로 본다』, 『수수께
끼의 소립자』 등의 저서를 내놓았고, 이번에 타키온에 관한 본
서를 출간하였다.

이 책을 읽어 보면 너무나도 놀랄 만한 가능성을 많이 보여
주고 있으므로 SF 이상의 재미있는 내용이라 아니할 수 없다.

한국의 젊은이들도 이 책을 통하여 물리학의 최선단에 대한
감각을 한껏 익힐 수 있기를 기원한다.

高鳳山 기슭에서
역자

초광속입자 타키온
미래를 보는 입자를 찾아서

초판 1쇄 1985년 08월 05일
개정 1쇄 2021년 01월 12일

지은이 혼마 사부로
옮긴이 조경철
펴낸이 손영일
펴낸곳 전파과학사
주소 서울시 서대문구 증가로 18, 204호
등록 1956. 7. 23. 등록 제10-89호
전화 (02) 333-8877(8855)
FAX (02) 334-8092
홈페이지 www.s-wave.co.kr
E-mail chonpa2@hanmail.net
공식블로그 http://blog.naver.com/siencia

ISBN 978-89-7044-954-8 (03420)
파본은 구입처에서 교환해 드립니다.
정가는 커버에 표시되어 있습니다.

도서목록

현대과학신서

도서목록
BLUE BACKS